烹饪教程真人秀

下厨必备的
宴客家常菜分步图解

甘智荣 主编

吉林科学技术出版社

图书在版编目（CIP）数据

下厨必备的宴客家常菜分步图解 / 甘智荣主编． --
长春：吉林科学技术出版社，2015.7
（烹饪教程真人秀）
ISBN 978-7-5384-9536-2

Ⅰ．①下… Ⅱ．①甘… Ⅲ．①家常菜肴－菜谱－图解
Ⅳ．① TS972.12-64

中国版本图书馆 CIP 数据核字（2015）第 166050 号

下厨必备的宴客家常菜分步图解

Xiachu Bibei De Yanke Jiachangcai Fenbu Tujie

主　　编　甘智荣
出 版 人　李　梁
责任编辑　李红梅
策划编辑　吴文琴
封面设计　郑欣媚
版式设计　谢丹丹
开　　本　723mm×1020mm　1/16
字　　数　220千字
印　　张　16
印　　数　10000册
版　　次　2015年9月第1版
印　　次　2015年9月第1次印刷

出　　版　吉林科学技术出版社
发　　行　吉林科学技术出版社
地　　址　长春市人民大街4646号
邮　　编　130021
发行部电话/传真　0431-85635177　85651759　85651628
　　　　　　　　　 85677817　85600611　85670016
储运部电话　0431-84612872
编辑部电话　0431-86037576
网　　址　www.jlstp.net
印　　刷　深圳市雅佳图印刷有限公司

书　　号　ISBN 978-7-5384-9536-2
定　　价　29.80元

目录
CONTENTS

PART 1 宴客秘籍：做出私房好味道

PART 2 盛宴前奏：可口开胃菜

PART 3　饕餮盛宴：无敌镇桌主菜

PART 4 饭店必点：经典招牌大菜

PART 5 最佳宴客配角：汤品和主食

PART 1
宴客秘籍：
做出私房好味道

　　自己下厨做一桌好菜，招待亲朋好友，这应该是最真诚的待客方式，食材可选择、卫生有保障、也合客人的口味，浓浓情意尽在菜中。在家庭环境中，亲朋好友相聚更多的是感情上的交流，宴席上的菜肴也以拿手的家常菜为主。中国自古就有宴客的传统，在宴请客人时，在菜单的选择、营养的搭配、品种的多样等方面，都有很多讲究的地方，下面让我们一步一步了解关于宴客菜的常识，争取做一桌让客人称道的宴客菜。

漫谈"宴客"文化

中国素有"礼仪之邦"之称，中国最早的礼和最普遍、最重要的礼，可以说就是食礼。中国人注重交际，一年中请客与被请从未间断，甚至丧事都要请客，筹办筵席。中国人对宴客有独特的礼俗讲究，这些讲究名目繁多，礼仪错综复杂，下面通过几个方面谈中国人的"宴客"文化。

◎ "宴客"的种类

宴客的种类名目繁多，大致而言，宴席可以分为红(喜)、白(丧)两大类，如按宴客的目的分，则有婚宴、寿宴、孩子满月宴、迁居宴、开张宴、孩子升学宴、大人升官宴、祭祖宴、会馆商谈应酬宴等。

"红事宴"有很多，最具代表性的宴席为婚宴，婚宴也称"吃喜酒"，是婚礼当天答谢宾客举办的隆重筵席。如果说婚礼把整个婚嫁活动推向了高潮的话，那么婚宴则是高潮中的顶峰。

"白事宴"，即办丧事的筵席，这种宴席也被称为"走马桌"，没有时间限制，随到随吃，事主一般先请若干厨师在家作准备，吊唁拜祭者如果凑齐八人即开席。宴席进行过程不饮酒，菜一道一道地上，而大位由八人之中有官职或年龄较大者坐之。

◎ "宴客"的菜式

宴客的菜式视红白事而分为双或单数。一般筵席崇尚偶数，也就是双数，这与中国人信奉阴阳五行学说有关。偶者，偶合、对偶之意。每席的菜，即主菜、点心、拼盘和素菜，以及时新果盘，一定要偶数。有的宴席也可以在中间出一次暖炉（即火锅），一般一个暖炉相当于是四样菜式。

中国人宴客上菜一般有两种方式，一为"满天星"，即在未开席前将所有的菜一齐摆上，中间不再添菜，这一种宴席较为省事，菜式也较少，是比较随意、不正规的宴客模式。

第二种宴客上菜的方式则是我们现在普遍看到的和运用的，按照一定的上菜顺序，边食用边上菜。

正规的宴客上菜程序是很讲究的，在菜肴未上之前，要在餐桌上先摆上蜜饯、水果等，然后再上菜。上菜次序是：先冷后热，先主后辅，先浓后淡，先肉后莱，炒时蔬一般放在最后，有食桌经验的客人见到上青菜了，就知道宴席将结束了，该准备离席了。

◎ "宴客"的座次

宴客时，席中德高望重者或辈分高者坐上首位、大位。大位的区分很严格，一般而言，宴客时座次分上、下、左、右，通常以面对着大门、靠着内墙的这一边为大位，其中又以这一边的左侧为最大位，名为"东一位"，必定留给本桌的最长辈。其次是"正位"的左一，左二，再次是右一，右二，辈分最小者坐在最长辈的对面。主人方则谦坐最小位或第六位置。至于什么人有资格可以坐大位，其讲究更多，一般以官位，或年龄，或辈份等等确定的。每桌坐于最次位者为伴客位，负责筛酒、上菜。正式开宴前由主人示意入席，而后大位坐定之后，全席之人都听他指挥，主人再没有发言权，什么时候举杯下箸，何时离席，一切都井井有序。

◎ "宴客"的礼节

在宴客筵席进行中，有许多礼节和规格必须遵守，否则可能因其失礼貌而被人瞧不起或者会被当成笑料。比如吃的过程要随坐大位者的安排，每道菜只有在坐大位的人动筷之后其它人才能吃，不能超前出手。再如斟酒，必须是主人亲为，有时也有小辈分者也帮着斟。斟酒方式也有讲究，要用双手，要按座大小的次序来斟，切不可乱套，否则就是失礼，甚至招来不必要的麻烦。

筵席进行时，客人如果进食中出现了不敬或不雅的行为，如大呼大叫，蹲坐，抢食，用筷子尖指向旁边的人等等，那是对主人或同桌长辈的不敬。若非被主请的客人，在酒桌上最好不要滔滔不绝，避免哗众取宠或喧宾夺主之嫌，但也不可以不说话，不然人家会以为你是身体不舒服或心里不高兴。

搞定宴客菜，新手轻松不求人

当人们已经习惯了去餐馆、饭店就餐的聚会方式，并历数其方便省心的优点时，却又会觉得这种方式缺少了在家中宴客的轻松愉悦。为客人们准备一场温馨的家宴，你也能感到乐在其中，但往往会被繁杂的准备工作弄得毫无头绪，那么掌握好置办家宴的简单技巧就显得尤为重要。下面就告诉大家一些置办出一桌美味宴客菜的秘籍，你不难发现原来一切都是如此得心应手。

◎ 制定宴客菜单

宴客的菜肴要有针对性，比如是庆功还是庆生，或者亲戚团聚，朋友小聚，传统节日等等，宴请的对象不同，环境不同，菜品种类也不同。最好是提前了解对方的年龄和性别，对菜品的口味喜好以及饮食禁忌。

宴请的客人中有小朋友，则要准备几道孩子爱吃的菜，比如鸡米花、上校鸡块、烤鸡翅或自制薯片等菜肴，甜食也可以适当的多准备一些。爱美的女性可以多准备一些美容养颜，补血益气的食物。如果宴请的客人中有老人，则需要准备一些软和的菜肴，便于老年人食用。

◎ 采购食材

对照制定好的宴客菜单，统计家中已经有的食材，罗列出需要采购的食材，确保在制作菜肴时不缺少食材，不至于临阵抓瞎。宴请的前一天装备好所有需要的食材，晚上如果有空可以做一些准备工作，比如荤菜卤烧，素菜摘洗等。

◎ 了解上菜顺序

一般来说，上菜的顺序大致是：凉菜——热菜——汤煲——主食小吃，但是各地有各地的风俗，可以按照自己地方的风俗稍稍调整一下。

凉菜是宴客餐桌上不可缺少的一个配角，也是宴客餐桌上上的第一道菜，凉菜的好坏直接影响了人们对这桌宴客菜的第一印像。凉菜一般是荤素对半，荤菜大多数是九成品，提前卤、煮、烧，把食材都处理的差不多，放在各种盘子中，用的时候有条不紊，节省时间。

热菜是宴客餐桌上的镇桌主角，其中小炒类的热菜会事先将食材焯水改刀，搭配好后放置于盘中。客人入席，凉菜上桌之后开始制作小炒类热菜，一边炒一边上桌。由于小炒就是吃个新鲜热乎劲，所以一定要现做现上。除了小炒类热菜，一般都会预先炖好三个到五个大菜，比如烧肉、炖鱼之类的，炖在各种锅中，上菜的时候直接盛出上菜即可，方便快捷。

热菜之后一般会上汤煲，一桌宴客菜最多会准备两个汤，一个甜的一个咸的，如果之前的菜肴比较别致，则会搭配老火汤，但是现在餐桌上几乎不再待见老火汤，都是酸辣爽口，解腻清新的汤比较受欢迎。

最后自然少不了精致的主食小吃，这时，宴客的菜肴基本已经上齐。

正确用调料，烹出美味宴客菜

调味是菜肴成熟的技术关键之一。只有不断地操练和摸索，才能慢慢地掌握其规律与方法，并与火候巧妙地结合，烹制出色、香、形俱好的宴客菜。

◎ 为何使用调料

因料调味：新鲜的鸡、鱼、虾和蔬菜等，其本身具有特殊鲜味，调味不应过量，以免掩盖天然的鲜美滋味。腥膻气味较重的原料，如牛羊肉及内脏类，调味时应酌量多加些去腥解腻的调味品，如料酒、醋、糖、葱、姜、蒜等，以便减少恶味增添鲜味。

本身无特定味道的原料，如海参、鱼翅等，除必须加入鲜汤外，还应当按照菜肴的具体要求施以相应的调味品。

因菜调味：每道菜都有自己特定的口味，这种口味是通过不同的烹调方法最后确定的。因此，投放调味品的种类和数量皆不可乱来。特别是多味菜，必须分清味的主次，才能恰到好处地使用主、辅调料。有的菜以酸甜为主，有的菜以鲜香为主，还有的菜上口甜收口咸，或上口咸收口甜等，这种一菜数味、变化多端的奥妙，皆在于调味技巧。

因时调味：人们的口味往往随季节变化而有所差异，这也与机体代谢状况有关。例如冬季气候寒冷，人们较喜欢食用浓厚肥美的菜肴；而炎热的夏季，人们则嗜好清淡爽口的食物。

因人调味：烹调时，在保持地方菜肴风味特点的前提下，还要注意就餐者的不同口味，做到因人制菜。所谓"食无定味，适口者珍"，就是因人制菜的最恰当概括。

调料优质：原料好而调料不佳或调料投放不当，都将影响菜肴风味。优质调料还有一个含义，就是烹制什么地方的菜肴，应当用该地的著名调料，这样才能使菜肴风味足俱。比如川菜中的水煮肉片，其中要用四川郫县的豆瓣酱和汉原的花椒，还有川菜中特有的盐和味精，这样做出来的菜味道就非常正宗。当然，条件有限的话，也没必要难为自己一定要找到这些原味调料，还是解馋为先。

◎如何使用调料

烹调过程中的调味，一般可划分为三种：第一种，加热前调味；第二种，加热中调味；第三种，加热后调味。

加热前的调味又叫基础调味，目的是使原料在烹制之前就具有一个基本的味，同时减除某些原料的腥膻气味。具体方法是将原料用调味品，如盐、酱油、料酒、糖等调拌均匀，浸渍一下，或者再加上鸡蛋、淀粉上浆，使原料初步入味，然后再进行加热烹调。鸡、鸭、鱼、肉类菜肴也都要做加热前的预调味，青笋、黄瓜等配料，也常先用盐腌除水分，确定其基本味。一些不能在加热中启盖和调味的蒸、炖制菜肴，更是要在上笼入锅前调好味，如蒸鸡、蒸肉、蒸鱼、炖（隔水）鸭、罐焖肉、坛子肉等，它们的调味方法一般都是将调好的汤汁或搅拌好的作料，同蒸制原料一起放入器皿中，以便于加热过程中入味。

加热中的调味，也叫做正式调味或定型调味。菜肴的口味正是由这一步来定型，所以是决定性调味阶段。当原料下锅以后，在适宜的时机按照菜肴的烹调要求和食用者的口味，加入或咸或甜、或酸或辣、或香或鲜的调味品。有些旺火急成的菜，须得事先把所需的调味品放在碗中调好，这叫做"预备调味"，也称为"对汁"，以便烹调时及时加入，不误火候。

加热后的调味又叫做辅助调味。可增加菜肴的特定滋味。有些菜肴，虽然在第一、二阶段中都进行了调味，但在色、香、味方面仍未达到应有的要求，因此需要最后定味，例如炸菜往往撒以椒盐或辣酱油等，涮品（涮羊肉等）还要蘸上很多的调味小料，蒸菜也有的要在上桌前另浇调汁，烩的乌鱼蛋则在出勺时往汤中放些醋，烤鸭需浇上甜面酱，炝、拌的凉菜，也需浇以兑好的三合油、姜醋汁、芥末糊等等，这些都是加热后的调味，对增加菜肴的特定风味必不可少，所以，加热后的调味对菜品也是非常重要的。

综上所述，无论是加热前的调味还是加热中的调味或是加热后的调味，都对菜品有着重要的影响，做好一道菜，不仅要选好料，更要调好味，在哪个阶段调味、调什么味等，都影响着菜肴的味道、营养。

宴客菜巧妙配菜小秘诀

配菜就是根据菜肴品种和各自的质量要求，把已经刀工处理后的主料和辅料适当搭配，使之成为一个完整的菜肴原料。配菜恰当与否，直接关系到一桌宴客菜的色、香、味、形，决定了整桌宴客菜肴是否协调。

◎ 量的搭配

突出主料：配制多种主、辅原料的菜肴时，应使主料在数量上占主体。例如"炒肉丝蒜苗"、"炒肉丝韭菜"等应时当令的菜肴，主要是吃蒜苗和韭菜的鲜味，因此配制时就使蒜苗和韭菜占主导地位，如果时令已过，此菜就应以肉丝为主。

平分秋色：配制无主、辅原料之分的菜肴时，各种原料在数量上应基本相当，互相衬托。例如"熘三样"、"爆双脆"、"烩什锦"等。

◎ 质的搭配

同质相配：即菜肴的主辅料应软软相配，如"鲜菇豆腐"；脆脆相配，如"油爆双脆"；韧韧相配，如"海带牛肉丝"；嫩嫩相配，如"芙蓉鸡片"等等。这样搭配，能使菜肴生熟一致、口感一致。也就是说，符合烹调要求，各具菜肴本身的独特之处。

荤素搭配：动物性原料配以植物原料，如"芹菜肉丝"、"豆腐烧鱼"、"滑溜里脊"配以适当的瓜片和玉兰片等。这种荤素搭配是中国菜的传统做法，无论从营养学还是食品学看，都有其科学道理。

贵多贱少：指高档菜，用贵物宜多，用贱物宜少，例如"白扒猴头蘑"、"三丝鱼翅"等，可保持菜肴的高档性。

◎ 味的搭配

浓淡相配：以配料味之清淡衬托主料味之浓厚，如"三圆扒鸭"等。

淡淡相配：此类菜以清淡取胜，如"烧双冬"、"鲜菇烧豆腐"等。

异香相配：主料、辅料各具不同的特殊香味，使鱼、肉的醇香与某些菜蔬的异样清香融和，会别有风味，如"芹菜炒鱼丝"、"芫爆里脊"、"青蒜炒肉片"等。

一味独用：有些烹饪原料不宜多用杂料，味太浓重者，只宜独用，不可搭配，如鳗、鳖、蟹、鲥鱼等。此外，如"北京烤鸭"、"广州烤乳猪"都是一味独用的菜。

◎ 色的搭配

顺色菜：组成菜肴的主料与辅料色泽基本一致。此类多为白色，所用调料也是盐、味精和浅色的料酒、白酱油等。这类保持原料本色的菜肴，色泽嫩白，会给人以清爽的感觉，食之亦利口。

异色菜：这种将不同颜色的主料、辅料搭配在一起的菜肴极为普遍。为了突出主料，使菜品色泽层分明，应使主料与配料的颜色差异明显些。

◎ 形的搭配

同形配：主、辅料的形态、大小等规格保持一致，如"炒三丁"、"土豆烧牛肉"、"黄瓜炒肉片"、"素炒三丝"等，分别是丁配丁、块配块、片配片、丝配丝，这样可使菜肴产生一种整齐的美感。

异形配：主、辅料的形状不同、大小不一，如"荔枝鱿锤卷"的主料鱿鱼呈筒状蓑衣形，配料荔枝则为圆或半圆形。这类菜在形态上别具一种参差错落美。

妙用"调味四君子"，做出彩宴客菜

葱、姜、蒜、花椒，人称"调味四君子"，它们不仅能调味，而且能杀菌去霉，对人体健康大有神益。在烹调中如何投放，才能将它们的作用最大化，使你的宴客菜更加出彩，这是一门学问。

◎ 贝类多放葱

葱别名青葱、大葱、叶葱、胡葱、葱仔、菜伯、水葱、和事草。

功效：较强的杀菌作用；预防胃癌及多种疾病；发汗、祛痰、利尿。

贝类多放葱：大葱不仅能缓解贝类如螺、蚌、蟹等的寒性，而且还能抗过敏。不少人食用贝类后会产生过敏性咳嗽、腹痛等症，烹调时就应多放大葱，避免过敏反应。

◎ 鱼类多放姜

姜科姜属植物，也称"生姜"。

功效：解毒杀菌；健胃、止痛、发汗、解热；显著抑制皮肤真菌，杀死阴道滴虫；有抑制癌细胞活性，降低癌的毒害作用；发汗解表，温肺止咳，解毒。

鱼类多放姜：鱼类腥气大，性寒，食之不当会呕吐。生姜既可缓和鱼的寒性，又可解腥味。做时多放姜，可以帮助消化。

◎ 禽肉多放蒜

蒜即大蒜，又叫蒜头、大蒜头、胡蒜、葫、独蒜、独头蒜。

功效：解毒杀虫，消肿止痛，止泻止痢，驱虫，此外还可温脾暖胃。对痈疽肿毒、饮食积滞有食疗效果。

禽肉多放蒜：蒜能提味，烹调鸡、鸭、鹅肉时宜多放蒜，使肉更香，也不会因为消化不良而泻肚子。

◎ 肉类多放花椒

花椒又称青花椒、狗椒、蜀椒、红椒、红花椒。

功效：温中止痛，除湿止泻，杀虫止痒。对脾胃虚寒之脘腹冷痛、蛔虫腹痛、呕吐泄泻、肺寒咳喘、肺寒咳喘、龋齿牙痛、阴痒带下、湿疹皮肤瘙痒有效。

肉食多放花椒：烧肉时宜多放花椒，尤其烧牛肉、羊肉。花椒有助暖作用，还能祛毒。

学会焯水，让你的宴客菜更加美味

大菜是大型宴席上的镇桌菜式，也可以是日常餐桌上的主角，但要做出色香味俱全的菜肴，绝非易事。焯水，是指将初步加工的原料放入沸水锅中，加热至半熟或成熟后捞出，以备进一步烹调的过程。很多菜肴的烹饪都会先将原料焯水，焯水对菜肴的色、香、味，甚至是菜肴的营养，都起着重要作用。焯水的应用范围较广，大部分蔬菜和带有腥膻气味的肉类原料都需要焯水。焯水的作用有以下几个方面：

◎使菜品色艳味更好

焯水可以使蔬菜颜色更鲜艳，质地更脆嫩，减轻涩、苦、辣味，还可以杀菌消毒。如菠菜、芹菜、油菜通过焯水变得更加艳绿；苦瓜、萝卜等焯水后可减轻苦味；四季豆中含有毒素，通过焯水可以解除。

◎去腥除味

焯水可以使肉类原料去除血污及腥膻异味。如牛、羊、猪肉及其内脏焯水后都可减少异味。

◎缩短烹饪时间

可以调整几种不同原料的成熟时间，缩短正式烹调时间。由于原料性质不同，加热成熟的时间不同，可以通过焯水使几种不同的原料成熟时间一致。如肉片和蔬菜同炒，蔬菜经焯水后达到半熟，那么，炒熟肉片后，加入焯水的蔬菜，很快就可以出锅，但不焯水就一起烹调会使原料生熟、软硬不一，成品菜肴的口感变差。

◎利于进一步加工

便于原料进一步加工操作，例如一些原料焯水后容易去皮，一些原料焯水后便于进一步加工切制等。有些原料需去皮使用，如经常作为配料的花生米，直接去皮是比较困难的，但是将它入沸水锅焯水后再去皮，就比较容易了；再如肥猪肉，不好切，但焯水后，肥肉的肉质变得又脆又软，而且不粘刀，就比较容易切了。

PART 2
盛宴前奏：
可口开胃菜

　　一部电影，因为有了引人入胜的开头，才能够抓住人们的眼球；一本书，因为精彩的前序，勾起了读者继续阅读的兴趣；一顿餐食，有了开胃菜的铺垫，才使得一餐让人回味无穷。开胃菜一般都具有特色风味，味道以咸和酸为主，而且数量较少，质量较高，它的好与坏往往象征着这一桌菜肴的烹饪实力。开胃菜为宴席奏响了前奏，唤醒宾客们沉睡的味蕾，一场华丽的味觉盛宴就此拉开序幕。

❶将备好的卤猪肝切开，再切片。

❷锅中注水烧开，倒入洗净的绿豆芽，煮至断生后捞出，沥干水分。

❸用油起锅，撒入蒜末、葱段炒匀，放入部分猪肝片、绿豆芽。

❹加入少许盐、鸡粉、生抽、陈醋、花椒油，拌入味。

❺取盘子，放入剩余猪肝片，摆放好，再盛入锅中的食材即可。

🍴 做法

绿豆芽拌猪肝

■烹饪时间：1分30秒 ■营养功效：保肝护肾

🌶 原料

卤猪肝220克，绿豆芽200克，蒜末、葱段各少许

🍲 调料

盐、鸡粉各2克，生抽5毫升，陈醋7毫升，花椒油、食用油各适量

制作指导：

绿豆芽的焯水时间不宜太长，以免降低了营养价值。

酸辣肉片

烹饪时间：62分钟 | 营养功效：增强免疫力

🌶️ 原料

猪瘦肉270克，花生米、青椒、红椒、桂皮、丁香、八角、香叶、沙姜、草果、姜块、葱条各适量

🍲 调料

料酒6毫升，生抽12毫升，老抽5毫升，盐、鸡粉各3克，陈醋、麻油、食用油各适量

🍴 做法

❶砂锅中注水烧热，倒入姜块、葱条。

❷放入桂皮、丁香、八角、香叶、沙姜、草果。

❸放入猪瘦肉、料酒、生抽、老抽、盐、鸡粉，煮熟捞出。

❹热锅注油烧热，倒入花生米，用小火浸炸约2分钟，捞出。

❺洗好的红椒切圈；洗净的青椒切圈；放凉的瘦肉切厚片。

❻取碗，倒入陈醋，加入卤水、盐、鸡粉、麻油。

❼倒入红椒、青椒，拌匀，腌渍约15分钟，制成味汁。

❽将肉片装入碗中，加入花生米，淋上味汁即可。

卤猪肚

■ 烹饪时间：63分钟　■ 营养功效：益气补血

🌶 原料

猪肚450克，白胡椒20克，姜片、葱结各少许

🍲 调料

盐2克，生抽4毫升，料酒、麻油、食用油各适量

🍴 做法

❶锅中注入适量清水烧开，放入猪肚，汆煮片刻。

❷关火后将汆煮好的猪肚捞出，沥干水分，装入盘中待用。

❸锅中注入适量清水烧开，倒入猪肚、姜片、葱结、白胡椒。

❹加入食用油、盐、生抽、料酒，拌匀。

❺加盖，大火烧开后转小火卤60分钟至食材熟软。

❻揭盖，关火后取出卤好的猪肚，将猪肚装入盘中，待用。

❼放凉后将猪肚切成粗丝。

❽放入盘中摆好，浇上少许麻油即可。

凉拌牛肉紫苏叶

■ 烹饪时间：95分钟　■ 营养功效：增强免疫力

🌶 原料

牛肉100克，紫苏叶5克，蒜瓣10克，大葱20克，胡萝卜250克，姜片适量

🍲 调料

盐4克，白酒10毫升，生抽8毫升，鸡粉2克，麻酱4克，香醋3毫升

制作指导：

牛肉丝可以切得细一点，这样会更易入味。

🍴 做法

❶ 砂锅中注水烧热，倒入蒜瓣、姜片、牛肉、白酒、盐、生抽，煮90分钟，捞出。

❷ 洗净去皮的胡萝卜切丝；牛肉切成丝。

❸ 洗好的大葱切成丝，放入凉水中；洗好的紫苏叶去梗切丝。

❹ 碗中放入牛肉丝、胡萝卜丝、大葱丝、紫苏叶、盐、生抽、鸡粉。

❺ 加入香醋、麻酱，搅拌均匀，装入盘中即可。

米椒拌牛肚

| 烹饪时间：1分30秒 | 营养功效：益气补血

🌶 **原料**

牛肚200克，泡小米椒45克，蒜末、葱花各少许

🍲 **调料**

盐4克，鸡粉4克，辣椒油4毫升，料酒10毫升，生抽8毫升，麻油2毫升，花椒油2毫升

🍴 **做法**

① 锅中注入清水烧开，倒入洗净切好的牛肚。

② 淋入适量料酒、生抽，放入少许盐、鸡粉，搅拌均匀。

③ 盖上盖，用小火煮1小时，至牛肚熟透。

④ 揭开盖，捞出煮好的牛肚，沥干水分，备用。

⑤ 将余煮好的牛肚装入碗中，加入泡小米椒、蒜末、葱花。

⑥ 放入少许盐、鸡粉，淋入辣椒油、麻油、花椒油。

⑦ 搅拌片刻，至食材入味。

⑧ 将拌好的牛肚装入盘中即可。

葱油拌羊肚

|| 烹饪时间：5分钟　　|| 营养功效：益气补血

🌶 原料

熟羊肚400克，大葱50克，蒜末少许

🍲 调料

盐2克，生抽、陈醋各4毫升，葱油、辣椒油各适量

制作指导：

熟羊肚的表面比较光滑，切的时候注意不要切到手。

🍴 做法

❶将洗净的大葱切开，切成丝；洗净的羊肚切块，再切细条。

❷锅中注入适量清水烧开，放入羊肚条，煮至沸。

❸将羊肚条捞出，沥干水分。

❹将羊肚条倒入碗中，加入大葱、蒜末，拌匀。

❺放入盐、生抽、陈醋、葱油、辣椒油，拌匀装盘即可。

车前草拌鸭肠

▌烹饪时间：3分钟　▌营养功效：保护视力

🌶 **原料**

鸭肠120克，车前草30克，枸杞10克，蒜末少许

🍲 **调料**

盐、鸡粉各1克，生抽、陈醋、麻油各5毫升

🍴 **做法**

❶洗净的鸭肠切段。

❷沸水锅中倒入切好的鸭肠。

❸氽煮一会儿至去腥、断生。

❹捞出氽好的鸭肠，沥干水分，装碗。

❺鸭肠中倒入洗好的车前草。

❻放入枸杞，倒入适量蒜末。

❼加入盐、鸡粉、生抽、麻油、陈醋，拌匀至入味。

❽将拌好的鸭翅和车前草装盘即可。

温州酱鸭舌

▌烹饪时间：23分钟 ▌营养功效：养颜美容

🌶 原料

鸭舌120克，香葱1把，蒜头2个，冰糖30克，姜片少许

🍲 调料

盐、鸡粉各1克，料酒、老抽各5毫升，食用油适量

🍴 做法

①沸水锅中倒入洗好的鸭舌。

②汆煮一会儿至去除腥味及脏污。

③捞出汆好的鸭舌，沥干水分，装盘。

④热锅注油，倒入香葱、姜片、蒜头，炒匀、爆香。

⑤倒入汆好的鸭舌，加入老抽、料酒，注入适量清水。

⑥加入冰糖、盐、鸡粉，搅拌均匀。

⑦加盖，用大火煮开后转小火焖20分钟至入味。

⑧揭盖，关火后盛出焖好的鸭舌，装入盘中即可。

✖ 做法

① 锅中注水烧开，放入洗净的鸭肫、料酒，氽煮去腥味，捞出，沥干水分。

② 锅置旺火上，倒入卤水汁，注入清水。

③ 撒上姜片、葱结，倒入氽好的鸭肫，加入适量盐。

④ 盖盖，大火烧开后转小火卤约35分钟，捞出卤熟的鸭肫。

⑤ 放凉后切小片，摆放在盘中即可。

卤水鸭肫

■ 烹饪时间：37分钟　　■ 营养功效：开胃消食

🌶 原料

鸭肫250克，姜片、葱结各少许，卤水汁120毫升

🍲 调料

盐3克，料酒4毫升

制作指导：

鸭肫卤制前可先切上刀花，以便其更易入味。

五香酱鸭肝

┃ 烹饪时间：63分钟 ┃ 营养功效：保肝护肾

🌶 原料

鸭肝130克，桂皮2片，八角2个，草果2个，茴香6克，香叶2片

🍲 调料

盐1克，老抽5毫升，料酒10毫升

🍴 做法

❶沸水锅中倒入洗净的鸭肝。

❷淋入5毫升料酒，搅匀，汆煮去腥味。

❸捞出汆好的鸭肝，沥干水分，装入盘中待用。

❹砂锅注水，倒入桂皮、八角、草果、茴香、香叶。

❺放入汆好的鸭肝。

❻加入盐、剩余料酒、老抽，拌均匀。

❼加盖，用大火煮开后转小火焖1小时，至食材入味。

❽揭盖，取出煮好的鸭肝，将鸭肝装入盘中即可。

怪味鸡丝

▌烹饪时间：19分钟 ▌营养功效：开胃消食

🌶 原料

鸡胸肉160克，绿豆芽55克，姜末、蒜末各少许

🍲 调料

芝麻酱5克，鸡粉2克，盐2克，生抽5毫升，白糖3克，陈醋6毫升，辣椒油10毫升，花椒油7毫升

🍴 做法

①锅中注水烧开，倒入鸡胸肉，烧开后用小火煮约15分钟。

②揭开盖，关火后捞出鸡胸肉，放凉后切成粗丝。

③锅中注水烧开，倒入洗好的绿豆芽，煮至断生。

④捞出绿豆芽，沥干水分，放入盘中。

⑤将鸡肉丝放在黄豆芽上，摆放好。

⑥取一个小碗，放入芝麻酱，加入鸡粉、盐、生抽、白糖。

⑦倒入陈醋、辣椒油、花椒油，拌匀。

⑧倒入蒜末、姜末，拌匀，调成味汁，浇在食材上即可。

❶ 锅中注水烧热，倒入处理干净的鸡胗，汆煮约2分钟，捞出。

❷ 用油起锅，倒入香料以及姜片、葱结，爆香。

❸ 淋入适量料酒、生抽，注入适量清水。

❹ 倒入鸡胗，加入少许老抽、盐，拌匀，大火煮沸，转中小火卤约25分钟。

卤水鸡胗

▌烹饪时间：27分钟　▌营养功效：开胃消食

原料

鸡胗250克，香料（茴香、八角、白芷、白蔻、花椒、丁香、桂皮、陈皮）少许，姜片、葱结各适量

调料

盐3克，老抽4毫升，料酒5毫升，生抽6毫升，食用油适量

制作指导：

鸡胗腥味较重，汆水时可放入料酒，去腥的效果会更好。

❺ 夹出卤熟的菜肴，装在盘中，浇入少许卤汁，摆好盘即可。

卤凤双拼

┃烹饪时间：17分30秒　┃营养功效：美容养颜

🌶 原料

鸡爪160克，鸡翅180克，葱段、姜片、桂皮、八角各少许，卤水汁20毫升

🍲 调料

盐3克，老抽3毫升，料酒5毫升，食用油适量

🍴 做法

❶锅中注水烧开，倒入洗净的鸡翅、鸡爪，拌匀。

❷汆煮约2分钟，去除血渍后捞出。

❸用油起锅，倒入八角、桂皮炒香，撒上葱段、姜片，爆香。

❹注入卤水汁，加入清水，大火略煮。

❺放入老抽、盐、料酒，倒入汆过水的材料，拌匀。

❻盖上盖，烧开后转小火卤约15分钟，至食材入味。

❼关火后揭盖，夹出卤好的菜肴。

❽摆放在盘中，稍稍冷却后食用即可。

无骨泡椒凤爪

▌烹饪时间：3小时　　▌营养功效：降低血压

🌶 原料

鸡爪230克，朝天椒15克，泡小米椒50克，泡椒水300毫升，姜片、葱结各适量

🍲 调料

料酒30毫升

🍴 做法

❶锅中注水烧开，倒入葱结、姜片、料酒、鸡爪，拌匀。

❷盖上盖，用中火煮约10分钟，捞出鸡爪，装盘。

❸把放凉后的鸡爪割开，剥取鸡爪肉，剁去爪尖，装入盘。

❹把泡小米椒、朝天椒放入泡椒水中。

❺放入处理好的鸡爪，使其浸入水中。

❻封上一层保鲜膜，静置约3小时，至鸡爪入味。

❼撕开保鲜膜，用筷子将鸡爪夹入盘中。

❽点缀上朝天椒与泡小米椒即可。

茄汁鱿鱼丝

▌烹饪时间：1分30秒　▌营养功效：保护视力

原料

鲜鱿鱼100克，吉士粉适量，葱丝、蒜末、彩椒末各少许

调料

白糖6克，番茄酱30克，生粉、食用油各适量

做法

❶把洗净的鱿鱼肉切成细丝。

❷锅中注水烧开，倒入鱿鱼丝，煮1分钟，捞出，沥干水分。

❸取一碗，倒入鱿鱼丝、吉士粉、生粉，拌匀。

❹热锅注油烧热，下入鱿鱼丝，炸黄色，捞出，沥干油。

❺用油起锅，下入蒜末、彩椒末，用大火爆香。

❻再注入适量清水，放入番茄酱、白糖拌匀，制成味汁。

❼倒入炸好的鱿鱼丝，翻炒匀，使其均匀地裹上味汁。

❽关火后盛出炒好的菜肴，放在盘中，撒上葱丝即成。

醋拌墨鱼卷

▌烹饪时间：5分钟　▌营养功效：益智健脑

原料

墨鱼100克，姜丝、葱丝、红椒丝各少许

调料

盐2克，鸡粉3克，芝麻油、陈醋各适量

制作指导：
墨鱼切花刀时要均匀，这样更易入味。

做法

❶ 处理好的墨鱼切上花刀，再切成小块，备用。

❷ 锅中注入适量清水烧开，倒入墨鱼，煮熟，捞出装盘。

❸ 取一个碗，加入盐、陈醋。

❹ 放入适量鸡粉，淋入芝麻油，拌匀，制成酱汁，浇在墨鱼上。

❺ 放上葱丝、姜丝、红椒丝即可。

✕ 做法

①洗好的香菜切成小段，备用。

②锅中注水烧开，倒入血蛤，略煮，捞出，沥干水分。

③将血蛤去壳，取出血蛤肉，装入碗中。

④放入香菜、盐、生抽、鸡粉。

⑤再淋入少许芝麻油、陈醋，搅拌均匀，装入盘中即可。

香菜拌血蛤

▋烹饪时间：2分钟 ▋营养功效：开胃消食

🌶 原料
血蛤400克，香菜少许

🍲 调料
盐2克，生抽6毫升，鸡粉2克，芝麻油4毫升，陈醋3毫升

制作指导：
血蛤肉可用凉开水泡一下，口感会更好。

酱爆螺丝

烹饪时间：5分钟 | **营养功效：养心润肺**

🌶 原料

田螺400克，豆瓣酱12克，黄豆酱15克，姜片、葱段、蒜末各少许

🍲 调料

盐2克，鸡粉3克，白糖、水淀粉、食用油各适量

🍴 做法

❶锅中注入适量清水烧开，倒入田螺，氽煮约3分钟。

❷关火后将氽煮好的田螺捞出，沥干水分，装入盘中待用。

❸用油起锅，放入姜片、蒜末，爆香。

❹倒入豆瓣酱、黄豆酱，炒匀。

❺放入田螺，炒匀。

❻注入少许清水，加入盐、鸡粉、白糖、水淀粉，炒匀。

❼放入葱段，炒约2分钟至入味。

❽关火后将炒好的螺丝盛入盘中即可。

芥辣荷兰豆拌螺肉

烹饪时间：1分钟 **营养功效：清热解毒**

原料

水发螺肉200克，荷兰豆250克，芥末膏15克

调料

生抽8毫升，芝麻油3毫升

做法

❶处理好的荷兰豆切成段。

❷泡发好的螺肉切成小块。

❸锅中注水烧开，倒入荷兰豆，余煮片刻至断生。

❹将荷兰豆捞出，沥干水分待用。

❺再将螺肉倒入沸水锅中，搅匀余煮片刻，捞出，沥干水分。

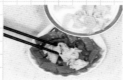

❻取一个盘中，摆上荷兰豆、螺肉。

❼在芥末膏中倒入生抽、芝麻油，搅匀。

❽将调好的酱汁浇在食材上即可。

香葱拌双丝

┃烹饪时间：5分钟┃营养功效：清热解毒

 原料

水发粉丝160克，海蜇丝110克，葱段30克，黄瓜130克，蒜末适量

 调料

苏籽油10毫升，盐、鸡粉各1克，白糖2克，陈醋5毫升，生抽10毫升

 **做法**

①洗净的黄瓜切片，再改切丝，摆入盘中，待用。

②沸水锅中倒入洗净的海蜇丝，放入泡好的粉丝。

③余煮2分钟，至食材断生。

④捞出余好的海蜇丝和粉丝，沥干水分，装碗中。

⑤碗中倒入蒜末，放入葱段。

⑥加入盐、鸡粉、白糖、陈醋，拌匀，淋入生抽，苏籽油。

⑦将材料充分拌匀。

⑧再将拌好的海蜇丝和粉丝放黄瓜丝上即可食用。

红油皮蛋拌豆腐

▌烹饪时间：2分钟　　▌营养功效：增强免疫力

🌶 **原料**

皮蛋2个，豆腐200克，蒜末、葱花各少许

🍲 **调料**

盐、鸡粉各2克，陈醋3毫升，红油6毫升，生抽3毫升

🍴 **做法**

❶洗好的豆腐切成厚片，再切成条，改切成小块。

❷去皮的皮蛋切成瓣，摆入盘中。

❸取一个碗，倒入蒜末、葱花。

❹加入少许盐、鸡粉、生抽。

❺再淋入少许陈醋、红油，调均匀，制成味汁。

❻将切好的豆腐放在皮蛋上。

❼浇上调好的味汁。

❽撒上葱花即可。

凉拌爽口番茄

▍烹饪时间：61分钟　▍营养功效：开胃消食

🌶 原料
洋葱150克，番茄300克，香菜少许

🍲 调料
盐2克，白糖3克，陈醋10毫升

制作指导：

洋葱切开后在水中泡一会儿再切，这样可以避免刺激眼睛。

🍴 做法

❶将洗好的洋葱切成细丝。

❷洗净的番茄切成若干小块。

❸把洋葱装入碗中，加入陈醋、白糖、盐，搅拌均匀，腌渍约1小时。

❹在洋葱中加入番茄，拌匀。

❺将菜肴盛入盘中，放上香菜即可。

做法

❶将洗净的包菜切丝；胡萝卜切片，改切丝。

❷锅中注适量清水烧开，放适量盐、亚麻籽油。

❸倒入胡萝卜丝、包菜，加入包菜，搅拌，煮约半分钟，捞出。

❹把胡萝卜丝装入碗中，放盐、鸡粉、白糖、生抽、陈醋、亚麻籽油，拌匀。

❺将菜肴装盘，撒上熟的白芝麻即可。

醋香胡萝卜丝

▌烹饪时间：2分钟　▌营养功效：增强免疫力

🌶 原料

胡萝卜240克，包菜70克，熟白芝麻少许

🍲 调料

亚麻籽油适量，盐2克，鸡粉2克，白糖3克，生抽、陈醋各3毫升

制作指导：

可以将生的白芝麻放入烧热的炒锅中，关火后翻炒，利用余温将其炒至微黄即可。

酱腌白萝卜

▌烹饪时间：24小时25分钟 ▌营养功效：增强免疫力

原料

白萝卜350克，朝天椒圈、姜片、蒜头各少许

调料

盐7克，白糖3克，生抽4毫升，老抽3毫升，陈醋3毫升

做法

①将洗净去皮的白萝卜对半切开，再切成片状。

②把白萝卜装入碗中，放盐，拌匀，腌渍20分钟。

③白萝卜腌渍好，加白糖，拌匀。

④倒入适量清水，将白萝卜清洗一遍，将白萝卜滤出，待用。

⑤白萝卜放入生抽、老抽、陈醋，再加适量清水，拌匀。

⑥放入姜片、蒜头、朝天椒圈，拌匀。

⑦用保鲜膜包裹密封好，腌渍24小时。

⑧把保鲜膜去掉，将腌好的白萝卜装入盘中即可。

人参小泡菜

▌烹饪时间：3天　▌营养功效：开胃消食

🌶 原料

大白菜500克，胡萝卜200克，白萝卜600克，黄瓜200克，芹菜70克，葱条40克，蒜末50克，人参须10克

🍲 调料

盐适量

🍴 做法

❶洗净的芹菜切段；洗好的葱条切成段；洗净的黄瓜切片。

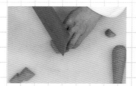

❷洗好去皮的白萝卜、胡萝卜均切片；洗好的大白菜切块。

❸砂锅中注水烧开，放入人参须。

❹煮约20分钟后关火，放凉。

❺将大白菜、胡萝卜、白萝卜、黄瓜装入碗中，放入盐，腌渍片刻。

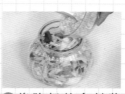

❻将腌好的食材装入玻璃罐中，放入葱段、芹菜、盐、蒜末。

❼将人参汁倒入玻璃罐中，至没过食材。

❽盖好玻璃罐，置于阴凉干燥处泡制3天，取出泡好的食材即可。

凉拌黄瓜条

▌烹饪时间：12分钟　▌营养功效：美容养颜

🌶 原料

黄瓜190克，去皮蒜头30克，干辣椒20克

🍲 调料

苏籽油5毫升，白糖2克，蒸鱼豉油10毫升

🍴 做法

   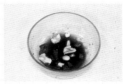

❶去皮的蒜头用刀背拍扁。

❷洗净的黄瓜对半切开，切成小段。

❸取一碗，倒入拍扁的蒜头。

❹放入干辣椒，淋入蒸鱼豉油。

❺倒入白糖，加入苏籽油。

❻倒入切好的黄瓜，充分拌匀。

❼腌渍10分钟，至食材入味。

❽将腌好的黄瓜摆盘即可。

✂ 做法

❶ 洗净的雪梨切小瓣，去核，去皮，把果肉切薄片。

❷ 取一个大碗，倒入备好的葡萄酒，加入柠檬片，撒上白糖。

❸ 倒入雪梨片，搅拌至白糖溶化。

❹ 将雪梨置于阴凉干燥处，腌渍10小时，至酒味浸入雪梨片中。

❺ 另取一个盘，盛入泡好的雪梨片，摆好盘即成。

红酒雪梨

▎烹饪时间：10小时 ▎营养功效：养心润肺

🌶 原料

雪梨170克，柠檬片20克，葡萄酒600毫升

🍲 调料

白糖8克

制作指导：

雪梨片切得薄一些，这样才更容易入味。

双拼桂花糯米藕

▌烹饪时间：35分钟　▌营养功效：补铁

🌶️ 原料

去皮莲藕250克，水发糯米50克，水发黑米50克，去皮白萝卜15克，糖桂花15克

🍲 调料

红糖15克，白糖15克

🍴 做法

①莲藕对半切开；白萝卜切厚片；用牙签将白萝卜固定在莲藕一头。

②莲藕孔里塞入糯米，将一片白萝卜用牙签固定在另一头。

③取另一段莲藕，用牙签将白萝卜固定在其一头，藕孔塞入黑米。

④取另一片白萝卜，用牙签固定在塞入黑米的莲藕另一头。

⑤锅中注水，放入塞好糯米的莲藕，加入红糖拌匀，煮熟装盘。

⑥另起一锅注水，放入塞好黑米的莲藕，加入白糖，煮熟装盘。

⑦将两段莲藕的牙签拨出，取下白萝卜片，切片，装盘。

⑧另起锅，放入清水、糖桂花、白糖，煮成糖浆，浇在莲藕上即可。

香炸土豆条

▌烹饪时间：7分钟 ▌营养功效：养颜美容

🌶️ 原料
去皮土豆200克，葱花少许，番茄酱30克

🍲 调料
盐2克，食用油适量

🍴 做法

❶洗净的土豆切成片，改切成条。

❷取一碗，放入清水、盐、土豆条，浸泡片刻。

❸将电陶炉接通电源，放上黄金锅套，倒入食用油，盖上盖。

❹按"开关"键通电，功率调至1500W，开始加热。

❺待油温烧至150℃，揭盖，倒入土豆条。

❻将电陶炉功率调至900W，将土豆条油炸约3分钟至金黄色。

❼按"开关"键断电，取下防油喷罩，取出土豆条。

❽撒入葱花，放入盘中，摆上适量番茄酱即可。

冰镇经典沙拉

▌烹饪时间：32分钟　▌营养功效：美容养颜

🌶 原料

玉米粒100克，胡萝卜100克，黄瓜100克

🍲 调料

盐3克，沙拉酱适量

🍴 做法

❶洗净的黄瓜切小丁；洗好的胡萝卜切小丁。

❷锅中注水烧开，倒入切好的胡萝卜丁。

❸放入玉米粒，焯约3分钟至断生。

❹捞出焯好的食材，沥干水分，装碗。

❺焯好的食材放凉后倒入切好的黄瓜丁，加入盐，搅拌均匀。

❻封上保鲜膜，放入冰箱冷藏30分钟。

❼取出冰镇好的蔬菜，撕开保鲜膜，装入碟中。

❽挤上沙拉酱即可。

清拌金针菇

▎烹饪时间：4分钟　▎营养功效：开胃消食

🌶 **原料**

金针菇300克，朝天椒15克，葱花少许

🍲 **调料**

盐2克，鸡粉2克，蒸鱼豉油30毫升，白糖2克，橄榄油适量

🍴 **做法**

❶将洗净的金针菇切去根部。

❷将朝天椒切圈。

❸锅中注水烧开，放入盐、橄榄油、金针菇，煮至熟。

❹把煮好的金针菇捞出，沥干水分，装入盘中，摆放好。

❺朝天椒装入碗中，加蒸鱼豉油、鸡粉、白糖拌匀，制成味汁。

❻将味汁浇在金针菇上，再撒上葱花。

❼锅中注入少许橄榄油，烧热。

❽将热油浇在金针菇上即成。

蒜泥海带丝

烹饪时间：4分钟 | **营养功效：增强免疫力**

原料

水发海带丝240克，胡萝卜45克，熟白芝麻、蒜末各少许

调料

盐2克，生抽4毫升，陈醋6毫升，蚝油12克

制作指导：

盛盘后最好再浇上少许热油，这样菜肴的味道会更香。

做法

❶ 将洗净去皮的胡萝卜切细丝。

❷ 锅中注水烧开，放入洗净的海带丝，煮熟捞出，沥干水分。

❸ 取一个大碗，放入焯好的海带丝，撒上胡萝卜丝、蒜末。

❹ 加入少许盐、生抽、蚝油、陈醋，搅拌至食材入味。

❺ 另取一个盘子，盛入拌好的菜肴，撒上熟白芝麻即成。

五香黄豆香菜

▌烹饪时间：32分钟 ▌营养功效：增强记忆力

🌶 原料

水发黄豆200克，香菜30克，姜片、葱段、香叶、八角、花椒各少许

🍲 调料

盐2克，白糖5克，芝麻油、食用油各适量

🍴 做法

❶将洗净的香菜切成小段。

❷用油起锅，爆香八角、花椒，撒上姜片、葱段，炒匀。

❸放入香叶，炒出香味，加入少许白糖、盐，炒匀。

❹注入适量清水，倒入洗净的黄豆，搅拌均匀。

❺盖上盖，大火烧开后转小火卤约30分钟，至食材熟透。

❻关火后揭盖，盛出材料，滤在碗中，拣出香料。

❼再撒上切好的香菜，加入盐、芝麻油，拌匀。

❽将拌好的菜肴盛入盘中，摆好盘即可。

枸杞拌蚕豆

▌烹饪时间：24分钟 ▌营养功效：开胃消食

🌶️ 原料

蚕豆400克，枸杞20克，香菜10克，蒜末10克

🍲 调料

盐1克，生抽、陈醋各5毫升，辣椒油适量

🍴 做法

❶锅内注水，加入盐，倒入洗净的蚕豆、枸杞，拌匀。

❷加盖，用大火煮开后转小火续煮30分钟至熟软。

❸揭盖，捞出煮好的蚕豆、枸杞，装碗。

❹另起锅，倒入适量辣椒油。

❺放入蒜末，爆香。

❻加入生抽、陈醋，拌匀，制成酱汁。

❼关火后将酱汁倒入蚕豆和枸杞中，搅拌均匀。

❽将拌好的菜肴装在盘中，撒上香菜点缀即可。

乌醋花生黑木耳

| 烹饪时间：2分钟 | 营养功效：瘦身排毒

 原料

水发黑木耳150克，去皮胡萝卜80克，花
生100克，朝天椒1个，葱花8克

调料

生抽3毫升，乌醋5毫升

做法

❶洗净的胡萝卜切
片，改切丝。

❷锅中注水烧开，倒
入胡萝卜丝、洗净的
黑木耳，拌匀。

❸焯煮一会儿，至食
材断生。

❹捞出焯好的食材，
放入凉水中待用。

❺捞出凉水中的胡萝
卜和黑木耳，均装入
碗中。

❻加入花生。

❼放入切碎的朝天
椒，加入生抽、乌
醋，拌匀。

❽将拌好的凉菜装在
盘中，撒上葱花点缀
即可。

桂花芸豆

▎烹饪时间：31分钟　▎营养功效：增强免疫力

🌶 原料

水发芸豆230克，糖桂花50克，冰糖30克

制作指导：

芸豆一定要完全泡发了再烹制，味道会更好。

🍴 做法

① 锅中注入适量清水，大火烧热。

② 倒入洗净的芸豆、冰糖，搅拌均匀。

③ 盖上锅盖，大火煮开后转小火煮30分钟至熟软。

④ 掀开锅盖，将芸豆捞出装入碗中。

⑤ 倒上糖桂花，拌均匀，倒入盘中即可。

做法

① 洗净的黄瓜切成丝；洗好的胡萝卜切片，改切成丝。

② 锅中注水烧开，倒入魔芋大结，焯煮2分钟，捞出，沥干水。

③ 将魔芋大结放在整齐码在盘底的黄瓜丝和胡萝卜丝上。

④ 取碗，放入蒜末、葱花、老干妈香辣酱、香菜叶、生抽、陈醋。

⑤ 加芝麻油、盐、白糖、花生米、熟白芝麻拌匀，倒在魔芋结上即可。

酸辣魔芋结

▍烹饪时间：5分钟　　▍营养功效：防癌抗癌

🌶 原料

魔芋大结200克，黄瓜130克，油炸花生米、去皮胡萝卜、熟白芝麻、老干妈香辣酱、香菜叶、葱花、蒜末各适量

🍲 调料

盐、白糖、生抽、陈醋、芝麻油各适量

制作指导：

花生米的红衣营养价值很高，可以不用去掉。

果味冬瓜

▎烹饪时间：123分钟　　▎营养功效：美容养颜

🌶 原料

冬瓜600克，橙汁50毫升

🍲 调料

蜂蜜15克

🍴 做法

❶将去皮洗净的冬瓜去除瓜瓤。

❷掏取果肉，制成冬瓜丸子，装入盘中。

❸锅中注入清水烧开，倒入冬瓜丸子。

❹搅拌匀，用中火煮约2分钟，至其断生后捞出。

❺用干毛巾吸干冬瓜丸子表面的水分，放入碗中。

❻倒入备好的橙汁，淋入少许蜂蜜。

❼快速搅拌匀，静置约2小时，至其入味。

❽取一个干净的盘子，盛入制作好的菜肴，摆好盘即成。

凉拌五色大拉皮

▎烹饪时间：4分钟 ▎营养功效：增强免疫力

 原料

水发拉皮150克，豆腐皮60克，瘦肉75克，黄瓜、胡萝卜、水发木耳、蒜末、葱丝各少许

🍲 调料

甜面酱15克，盐3克，胡椒粉、鸡粉各少许，料酒、生抽、芝麻油、食用油各适量

🍴 做法

❶洗净的豆腐皮、黄瓜、瘦肉均切丝；去皮的胡萝卜切细丝。

❷用油起锅，倒入肉丝，炒变色，放入料酒、甜面酱，炒匀。

❸放入少许鸡粉、生抽，炒匀调味。

❹关火后盛出炒好的食材，装入盘中，制成肉酱。

❺取一大碗，倒入切好的豆腐皮，放入胡萝卜丝、黄瓜丝。

❻倒入拉皮、木耳，撒上蒜末。

❼加入少许盐、鸡粉、生抽、胡椒粉、芝麻油，拌匀。

❽另取一个盘子，盛入拌好的材料，再放入肉酱，点缀上葱丝即成。

PART 3

饕餮盛宴：
无敌镇桌主菜

下馆子不如吃私房菜，在家中宴客才是最高规格的待客之道。宴客时既要让宾客们吃到美味，也要让他们吃到新意，所以餐桌上有几道拿手招牌菜是必不可少的。本章节精选了许多宴客镇桌热菜，以精心的选料、百变的风味，成就一桌美味宴席。无论您是喜食厚味的无肉不欢者，还是崇尚自然的淡雅口味主义者，这些千变万化的菜肴都能满足你的需求。

红烧肉炖粉条

■ 烹饪时间：67分钟 ■ 营养功效：增强免疫力

🌶 **原料**

水发粉条300克，五花肉550克，姜片、葱段各少许，八角1个，香菜适量

🍲 **调料**

盐、鸡粉各1克，白糖2克，老抽3毫升，料酒、生抽各5毫升，食用油适量

🍴 **做法**

❶洗净的五花肉切块；泡好的粉条从中间切成两段。

❷沸水锅中倒入五花肉，氽去血水，捞出，沥干水分。

❸热锅注油，爆香八角、姜片、葱段，放入五花肉，炒匀。

❹加入料酒、生抽，炒匀，注入清水。

❺加入老抽、盐、白糖，拌匀，加盖，用小火炖至熟软入味。

❻揭盖，倒入泡好的粉条，拌匀。

❼加入鸡粉，拌匀，加盖，续煮5分钟，至食材熟软。

❽关火后盛出红烧肉粉条，装碗，放上香菜点缀即可。

尖椒回锅肉

▎烹饪时间：6分钟　▎营养功效：开胃消食

🌶 原料

熟五花肉250克，尖椒30克，红椒40克，豆瓣酱20克，蒜苗20克，姜片少许

🍲 调料

盐、鸡粉、白糖各1克，生抽、料酒各5毫升，食用油适量

制作指导：

要想这道菜肴口味偏辣的话，可加入适量辣椒油焗炒。

🍴 做法

❶洗好的红椒、尖椒均切滚刀块；蒜苗切段；熟五花肉切片。

❷热锅注油，倒入五花肉、姜片，炒约1分钟至五花肉微焦。

❸放入豆瓣酱，炒香，淋入料酒、生抽，放入尖椒。

❹倒入红椒，炒至断生，加入盐、鸡粉、白糖。

❺倒入蒜苗，炒至熟透入味，关火后盛出菜肴，装盘即可。

✕ 做法

❶ 洗净的黄瓜去皮，切段，做成黄瓜盅，装入盘中。

❷ 在肉末中加入鸡粉、盐、生抽、水淀粉，拌匀，腌渍片刻。

❸ 锅中注水烧开，加入食用油、黄瓜段，煮至断生后捞出。

❹ 在黄瓜盅内抹上少许生粉，放入猪肉末，装入盘中。

❺ 将装有黄瓜盅的盘子放入蒸锅中蒸熟，取出，撒上葱花即可。

黄瓜酿肉

▌烹饪时间：2分钟　　▌营养功效：益智健脑

🌶 原料

猪肉末150克，黄瓜200克，葱花少许

🍲 调料

鸡粉2克，盐少许，生抽3毫升，生粉3克，水淀粉、食用油各适量

制作指导：

可以蒸得稍微久一点，以免猪肉蒸不熟。

蒸冬瓜肉卷

| 烹饪时间：12分钟 | 营养功效：增强免疫力

原料

冬瓜400克，水发木耳90克，午餐肉200克，胡萝卜200克，葱花少许

调料

鸡粉2克，水淀粉4毫升，芝麻油、盐各适量

做法

❶将泡发好的木耳切细丝；洗净去皮的胡萝卜切成丝。

❷午餐肉切成丝；将洗净去皮的冬瓜切成薄片。

❸锅中注水烧开，倒入冬瓜片，煮至断生，捞出。

❹把冬瓜片铺在盘中，放上午餐肉、木耳、胡萝卜。

❺将冬瓜片卷起，定型制成卷，剩余的冬瓜片依次制成卷。

❻蒸锅上火烧开，放入冬瓜卷，大火蒸10分钟至熟，取出。

❼热锅注水烧开，放入盐、鸡粉、水淀粉、芝麻油，拌匀。

❽将搅好的芡汁淋在冬瓜卷上，撒上葱花即可。

金黄猪肉三色卷

▍烹饪时间：4分钟　▍营养功效：清热解毒

🌶 原料

瘦肉片130克，红椒50克，小黄瓜85克，杏鲍菇65克，蛋液70克，生粉75克，面包糠100克

🍲 调料

盐2克，料酒5毫升，沙姜粉2克，生抽5毫升，食用油适量

🍴 做法

❶瘦肉片装于碗中，放入盐、料酒、沙姜粉、生抽，拌匀。

❷洗净的红椒去籽，切成条；洗净的小黄瓜、杏鲍菇均切条。

❸将肉片铺平，放入杏鲍菇、小黄瓜、红椒，卷起来。

❹将剩余的食材依次制成肉卷。

❺将肉卷依次裹上生粉、蛋液、面包糠。

❻热锅中注入食用油，烧至六成热。

❼倒入肉卷，搅拌，油炸至金黄色，捞出，沥干油分。

❽将肉卷切成小段，装入盘中即可。

红烧狮子头

▌烹饪时间：8分钟 ▌营养功效：开胃消食

🌶 原料

油菜80克，荸荠肉60克，鸡蛋1个，五花肉末200克，葱花、姜末各少许

🍲 调料

盐2克，鸡粉3克，蚝油、生抽、生粉、水淀粉、料酒、食用油各适量

🍴 做法

❶洗净的油菜切成瓣；洗好的荸荠肉切成碎末。

❷取一个碗，倒入五花肉末，放入姜末、葱花、荸荠肉末。

❸打入鸡蛋，拌匀，加入盐、鸡粉、料酒、生粉，拌匀。

❹锅中注水烧开，加入盐，放入油菜，焯煮至断生，捞出。

❺用油起锅，把拌匀的材料揉成肉丸，放入锅中炸熟捞出。

❻锅底留油，注入清水，加入盐、鸡粉、蚝油、生抽。

❼放入肉丸，略煮一会儿，捞出，放入装有油菜的碗中。

❽锅内倒入水淀粉，拌匀，关火后盛出汁液，倒入碗中即可。

做法

❶洗好的粉丝切段，备用。

❷用油起锅，倒入肉末、料酒，放入蒜末、葱花，炒香。

❸加入豆瓣酱，倒入生抽，放入粉丝段，翻炒均匀。

❹加入陈醋、盐、鸡粉，放入朝天椒末、葱花，炒匀。

❺关火后将炒好的食材盛入盘中即可。

蚂蚁上树

■烹饪时间：3分30秒　■营养功效：益气补血

原料

肉末200克，水发粉丝300克，朝天椒末、蒜末、葱花各少许

调料

料酒10毫升，豆瓣酱15克，生抽、陈醋各8毫升，盐、鸡粉各2克，食用油适量

制作指导：

粉丝入锅后要不停翻炒，以免粉丝粘连在一块儿。

黑胡椒猪柳

▌烹饪时间：8分钟　　▌营养功效：增强免疫力

🌶 原料

猪里脊肉150克，鸡蛋1个

🍲 调料

盐、鸡粉、黑胡椒粉各3克，生粉2克，料酒、生抽、食用油各适量

🍴 做法

❶洗净的里脊肉切成厚片，两边打上十字花刀。

❷碗中放入里脊肉、盐、鸡粉、料酒、生抽、黑胡椒粉拌匀。

❸打入鸡蛋，取出蛋清，打进容器中，搅拌均匀。

❹加入生粉，拌匀，倒入食用油，拌匀，腌渍5分钟。

❺锅中注入适量油，烧至五成熟，加入腌渍好的里脊肉。

❻煎5分钟至两面金黄色，关火，夹出里脊肉，放入盘中。

❼将煎好的肉放在砧板上，切成粗条。

❽将猪柳叠放在盘中，用绿叶、红花做装饰即可。

金银扣三丝

❘ 烹饪时间：45分钟 ❘ 营养功效：增强免疫力

🐦 原料

鸡肉300克，火腿肠80克，竹笋50克，水发香菇10克，鸡汤300毫升，小白菜叶适量，姜丝、葱段各少许

🍲 调料

盐、鸡粉各2克，水淀粉5毫升

🍴 做法

❶火腿肠切成细丝；将洗净去皮的竹笋切成丝。

❷沸水锅中倒入笋丝，煮5分钟，去除涩味，捞出。

❸再倒入洗净的鸡肉，煮3分钟至熟，捞出，放凉后撕成丝。

❹将香菇倒放在蒸盘底部，摆上笋丝、鸡丝、火腿丝。

❺最后将一些食材平铺在顶部，加入鸡汤、姜丝、葱段。

❻蒸锅注水烧开，放入蒸盘，蒸熟后取出，倒扣到另一盘中。

❼另起锅，放入鸡汤、小白菜叶、盐、鸡粉、水淀粉拌匀。

❽关火后盛出煮好的汁液，浇在三丝上，摆放上小白菜叶即可。

莲花酱肉丝

▎烹饪时间：6分钟 ▎营养功效：增强免疫力

🌶 原料

肉丝250克，豆皮30克，胡萝卜丝50克，蛋清15克，葱花10克，黄瓜丝50克

🍲 调料

盐、鸡粉各2克，水淀粉4毫升，料酒5毫升，白糖3克，甜面酱10克，食用油适量

制作指导：

肉丝不宜炒制过久，以免影响其口感。

🍴 做法

❶肉丝装入碗中，放入盐、蛋清、水淀粉、料酒，搅匀腌渍。

❷热锅注油烧热，倒入肉丝，放入甜面酱，注入清水，炒匀。

❸加入白糖、鸡粉，倒入水淀粉，搅匀收汁，关火盛出。

❹豆皮用开水浸泡后捞出，铺在砧板上，放上黄瓜丝、胡萝卜丝。

❺将其卷成卷，切成段，摆入盘中，倒入肉丝，撒上葱花即可。

做法

①去皮洗净的芦笋切条形；红椒洗净切粗丝；芝士切薄片。

②洗净的培根对半切开，平放好，撒上芝士片，放入芦笋、红椒。

③卷成卷儿，再用牙签固定住，制成数个芦笋卷生坯，放入盘中。

④煎锅烧热，放入黄油烧至溶化，放入生坯，用中小火煎出香味。

⑤撒上盐、胡椒粉，煎约3分钟，关火后盛出煎好的食材即可。

培根芦笋卷

▌烹饪时间：4分30秒　▌营养功效：增强免疫力

原料

培根100克，芦笋50克，芝士25克，黄油10克，红椒10克

调料

盐、胡椒粉各2克

制作指导：

制作培根芦笋卷生坯时，可以用水淀粉封口，再用竹签固定。

梅干菜卤肉

| 烹饪时间：53分钟 | 营养功效：开胃消食

🌶 原料

五花肉250克，梅干菜150克，八角2个，桂皮10克，卤汁15毫升，姜片、香菜各少许

🍲 调料

盐、鸡粉各1克，生抽、老抽各5毫升，冰糖适量，食用油适量

🍴 做法

❶洗好的五花肉对半切开，切块；梅干菜切段。

❷沸水锅中倒入五花肉，汆煮去血水，捞出，沥干水分。

❸热锅注油，倒入冰糖，拌匀至溶化，成焦糖色，注入清水。

❹放入八角、桂皮，加入姜片，放入汆好的五花肉。

❺加入老抽、卤汁、生抽、盐，拌匀，煮开后转小火卤30分钟。

❻倒入梅干菜，拌匀，注入清水。

❼续卤20分钟至食材入味，加入鸡粉，搅拌均匀。

❽关火后盛出菜肴，装盘，摆上香菜点缀即可。

酱爆肉

烹饪时间：3分钟 ▌营养功效：增强免疫力

原料

五花肉800克，洋葱30克，青椒、蒜末、葱段、生姜、朝天椒、八角、花椒各少许

调料

白糖2克，生抽5毫升，盐3克，料酒4毫升，甜面酱20克，黄豆酱20克，鸡粉、食用油各适量

做法

❶洗净的青椒切开去籽，切成块儿；洗净的朝天椒切成圈。

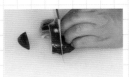

❷处理好的洋葱切成块；洗净的五花肉对半切开。

❸锅中注水烧开，放入五花肉、花椒、生姜、盐、料酒拌匀。

❹煮开后转小火煮20分钟去除油腻，捞出五花肉放凉，切片。

❺热锅注油烧热，爆香朝天椒、蒜末，倒入猪肉片，炒匀。

❻倒入洋葱、青椒，放入甜面酱、黄豆酱，炒匀。

❼注入清水，加入鸡粉、白糖、葱段，淋入生抽，炒匀。

❽关火，将炒好的猪肉盛出装入盘中。

干豆角烧肉

▌烹饪时间：25分钟　▌营养功效：保肝护肾

🌶 原料

五花肉250克，水发豆角120克，八角、桂皮各3克，干辣椒、姜片、蒜末、葱段各适量

🍲 调料

盐、鸡粉各2克，白糖4克，老抽2毫升，黄豆酱10克，料酒、水淀粉、食用油各适量

🍴 做法

❶将洗净泡发的豆角切成小段；洗好的五花肉切成丁。

❷锅中注入清水，倒入豆角，煮半分钟，捞出，沥干水分。

❸用油起锅，倒入五花肉，用小火炒出油脂，加入白糖炒匀。

❹倒入八角、桂皮、干辣椒、姜片、葱段、蒜末，爆香。

❺淋入老抽，加入料酒，炒匀，加入适量黄豆酱，翻炒匀。

❻倒入豆角，再加入清水，煮沸，加入盐、鸡粉，炒匀。

❼烧开后转小火焖至食材熟软，倒入水淀粉，炒匀。

❽将炒好的食材盛出，装入盘中即可。

辣子肉丁

▌烹饪时间：2分钟　▌营养功效：降低血压

🌶 原料

猪瘦肉250克，莴笋200克，花生米80克，
红椒、干辣椒、姜片、蒜末、葱段各适量

🍲 调料

盐4克，鸡粉3克，料酒10毫升，水淀粉5毫
升，辣椒油5毫升，食粉、食用油各适量

🍴 做法

❶去皮的莴笋切丁；
洗好的红椒切段；洗
净的猪瘦肉切丁。

❷把瘦肉丁装碗，放
入食粉、盐、鸡粉、水
淀粉、食用油腌渍。

❸锅中注水烧开，放
入盐、食用油、莴笋
丁，煮熟捞出。

❹花生米入沸水锅中
煮熟捞出，再放入油
锅中炸出香味，捞出。

❺把瘦肉丁倒入油锅
中，滑油至变色，捞
出，沥干油。

❻锅底留油，爆香姜
片、蒜末、葱段，倒入
红椒、干辣椒炒匀。

❼放入莴笋、瘦肉丁、
辣椒油、盐、鸡粉、料
酒、水淀粉、花生米。

❽翻炒均匀后关火，
盛出炒好的菜肴，装
入盘中即可。

茶树菇炒腊肉

| 烹饪时间：2分钟 | 营养功效：增强免疫力

🥒 原料

茶树菇90克，腊肉160克，蒜苗70克，红椒45克，姜末、蒜末、葱段各少许

🍲 调料

盐2克，鸡粉2克，料酒4毫升，生抽4毫升，水淀粉4毫升，食用油少许

🍴 做法

❶ 择洗干净的蒜苗切成段；洗好的红椒去籽，切块。

❷ 洗净的茶树菇切成段；洗好的腊肉切成薄片。

❸ 锅中注入清水烧开，倒入腊肉，汆煮好后捞出。

❹ 把切好的茶树菇倒入沸水锅中，焯煮好后捞出，沥干水分。

❺ 炒锅中注油烧热，倒入腊肉、姜末、蒜末、葱段，炒匀。

❻ 倒入茶树菇，放入蒜苗、红椒，淋入料酒，翻炒匀。

❼ 加入生抽、盐、鸡粉，倒入适量水淀粉，翻炒均匀。

❽ 把炒好的食材装入盘中即可。

香干蒸腊肉

▌烹饪时间：25分钟 ▌营养功效：益智健脑

🌶 原料

去皮白萝卜200克，腊肉250克，香干200克，豆豉10克，葱花少许

🍲 调料

盐2克，白糖5克，生抽、料酒各5毫升，白胡椒粉4克，水淀粉、食用油各适量

🍴 做法

❶洗净的白萝卜切成丝；腊肉切片；洗好的香干切成长块。

❷取一块香干，放上腊肉片，再放上另一块香干，制成三明治状。

❸摆放在碗中，放上白萝卜丝；取一碗，加入生抽、料酒、盐。

❹放入清水、食用油、白胡椒粉，拌成调味汁，浇在白萝卜丝上。

❺蒸锅中注水烧开，放上菜肴，中火蒸20分钟至食材熟透。

❻取出，将菜肴中的汁液倒入碗中，把香干、腊肉倒扣在盘子中。

❼用油起锅，放入豆豉、汁液、水淀粉、白糖、食用油拌匀。

❽关火后盛出调好的汁液，浇在香干腊肉上，撒上葱花即可。

豆瓣排骨

■ 烹饪时间：3分钟　■ 营养功效：益气补血

🌶 原料

排骨段300克，芽菜100克，红椒20克，姜片、葱段、蒜末各少许

🍲 调料

豆瓣酱20克，料酒、生抽、鸡粉、盐、老抽、水淀粉、食用油各适量

制作指导：

排骨汆水后可以过一下冷水，这样能使其口感更佳。

🍴 做法

❶ 洗净的红椒切圈，备用。

❷ 锅中注水烧开，倒入排骨段，汆去血水，捞出。

❸ 用油起锅，爆香姜片、蒜末，加入豆瓣酱、排骨段、芽菜、料酒、炒匀。

❹ 注入水，放入生抽、鸡粉、盐、老抽炒匀，用小火焖15分钟。

❺ 放入红椒圈、葱段、水淀粉炒匀，关火后盛出菜肴即可。

✖ 做法

❶锅中注水烧开，倒入排骨段，汆煮后捞出，沥干水分。

❷用油起锅，放入香叶、桂皮、八角、姜块，炒匀。

❸倒入排骨段，加入料酒、生抽、清水、老抽、盐，拌匀。

❹大火烧开后转小火煮约35分钟，放入青椒片、红椒片、鸡粉。

❺放入孜然粉、蒜末、香菜末炒匀，关火后挑出香料及姜块即可。

孜然卤香排骨

▌烹饪时间：37分钟　▌营养功效：益气补血

🌶 原料

排骨段400克、青椒片、红椒片、姜块、蒜末、香叶、桂皮、八角、香菜末各适量

🍲 调料

盐2克，鸡粉3克，孜然粉4克，料酒、生抽、老抽、食用油各适量

制作指导：

汆煮排骨时，要等水烧开后再放入排骨，这样能锁住排骨的营养。

牛蒡煲排骨

▌烹饪时间：17分钟 ▌营养功效：降低血压

🌶 原料

排骨段350克，胡萝卜130克，牛蒡100克，姜片、葱段、蒜末各少许

🍲 调料

盐、鸡粉各2克，白糖少许，蚝油5克，老抽2毫升，生抽4毫升，料酒5毫升，食用油适量

🍴 做法

❶将洗净去皮的牛蒡切块；洗好的胡萝卜切滚刀块。

❷锅中注水烧热，倒入排骨段、牛蒡、胡萝卜，氽熟后捞出。

❸用油起锅，放入姜片、葱段、蒜末，炒匀、爆香。

❹倒入氽过水的食材，炒匀，淋入料酒提味。

❺放入生抽、蚝油，炒匀，注入清水，倒入老抽。

❻待汤汁沸腾，再加入盐、鸡粉、白糖拌匀。

❼关火，将锅中的食材盛入砂煲中，煮沸后转小火炖15分钟。

❽关火后取下砂煲，待稍微冷却后即可。

香橙排骨

▌烹饪时间：10分钟 ▌营养功效：益气补血

🌶 原料

猪小排500克，香橙250克，橙汁25毫升

🍲 调料

盐2克，鸡粉3克，料酒、生抽各5毫升，老抽、水淀粉、食用油各适量

🍴 做法

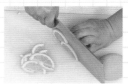   

❶洗净的香橙取部分切片，将切好的香橙摆放在盘子周围。

❷将猪小排倒入碗中，加入老抽、生抽、料酒、水淀粉，拌匀腌渍。

❸将剩余的香橙切去瓤，留下香橙皮，切成细丝。

❹热锅注油烧热，放入猪小排，油炸2分钟至转色，盛出。

❺用油起锅，倒入猪小排，加入料酒、生抽、橙汁。

❻注入清水，放入盐、鸡粉，拌匀。

❼大火煮开后转小火焖4分钟至熟，倒入部分香橙丝，拌匀。

❽盛出，装入摆放有香橙的盘子中，撒上剩余香橙丝即可。

芝麻辣味炒排骨

▌烹饪时间：1分30秒　　▌营养功效：益气补血

原料
白芝麻8克，猪排骨500克，干辣椒、葱花、蒜末各少许

调料
生粉20克，豆瓣酱15克，盐、鸡粉各3克，料酒、辣椒油、食用油各适量

制作指导：

排骨放入油锅后要搅散，以免粘在一起。

做法

❶将洗净的猪排骨装入碗中，放入盐、鸡粉、料酒、豆瓣酱。

❷撒入生粉，抓匀，使排骨裹匀生粉，入油锅炸至金黄色，捞出。

❸锅底留油，放入蒜末、干辣椒、排骨，淋入料酒、辣椒油。

❹撒入葱花，快速翻炒均匀，放入白芝麻，快速翻炒片刻。

❺关火后盛出炒好的食材即可。

五香肘子

▌烹饪时间：123分钟　▌营养功效：益气补血

🌶 原料

猪肘1000克，普洱茶800毫升，香叶、花椒、丁香、桂皮、八角、小茴香、草果、干辣椒、姜末、葱结、葱段、冰糖、剁椒各适量

🍲 调料

盐3克，鸡粉2克，料酒4毫升，生抽、老抽、水淀粉、食用油各适量

🍴 做法

❶ 洗净的猪肘切一字刀，放入沸水锅中，氽煮好后捞出。

❷ 锅中注入清水，倒入冰糖、食用油，稍煮片刻，倒入普洱茶。

❸ 放入干辣椒、姜末、葱结、香叶、花椒、草果、丁香、桂皮。

❹ 加入小茴香、八角，倒入猪肘，加入生抽、料酒、盐、老抽。

❺ 将锅中的材料转移到汤锅中，注入清水，中火煮约2小时。

❻ 关火后将猪肘捞出，装入盘中备用。

❼ 用油起锅，爆香剁椒，注入清水，加入鸡粉、老抽，拌匀。

❽ 倒入水淀粉，撒上葱段，调成味汁，浇在猪肘上即可。

红枣花生焖猪蹄

▌ 烹饪时间：63分钟 ▌ 营养功效：增强免疫力

🌶 原料

红枣40克，西蓝花280克，猪蹄块550克，花生90克，姜片、八角、桂皮各少许

🍲 调料

料酒10毫升，盐4克，生抽6毫升，鸡粉2克，水淀粉4毫升，食用油适量

🍴 做法

① 洗净的西蓝花切成小朵。

② 锅中注水烧开，加入盐、食用油、西蓝花，煮熟捞出。

③ 再将猪蹄块倒入沸水锅中，汆去血水，捞出。

④ 用油起锅，爆香八角、桂皮、姜片，倒入猪蹄块、料酒、生抽。

⑤ 注入清水，放入花生、红枣、盐，烧开后转小火焖1小时。

⑥ 将西蓝花整齐地摆在盘中，待用。

⑦ 掀开锅盖，加入鸡粉，倒入水淀粉，快速翻炒收汁。

⑧ 将炒好的猪蹄块盛入盘中即可。

🍴 做法

❶ 锅中注水烧开，倒入猪蹄块，汆煮片刻，捞出，沥干水。

❷ 用油起锅，放入八角、桂皮、花椒、姜片、大葱段、干辣椒。

❸ 放入冰糖、猪蹄块、料酒、生抽、清水、黄豆酱，拌炒匀。

❹ 加入盐、老抽，烧开后转小火煮60分钟，倒入橙皮丝炒匀。

❺ 加入鸡粉炒匀，大火翻炒约2分钟收汁，关火后盛出即可。

橙香酱猪蹄

▌烹饪时间：64分钟　　▌营养功效：增高助长

🌶 原料

猪蹄块350克，八角、桂皮、花椒、姜片、橙皮丝、大葱段、干辣椒各少许，冰糖25克，黄豆酱30克

🍲 调料

盐2克，鸡粉3克，料酒、生抽、老抽、食用油各适量

制作指导：

如果没有橙子皮，可以用陈皮代替。

三杯卤猪蹄

▋烹饪时间：93分30秒 ▋营养功效：益气补血

原料

猪蹄块300克，三杯酱汁120毫升，青椒圈25克，葱结、姜片、蒜头、八角、罗勒叶各少许，白酒7毫升

调料

盐3克，食用油适量

做法

①锅中注水烧开，放入洗净的猪蹄块，汆煮2分钟，捞出。

②锅中注水烧热，倒入猪蹄，淋入白酒，倒入八角、部分姜片。

③放入葱结，加入盐，大火煮一会儿，至汤水沸腾。

④转小火煮至食材熟软，关火后捞出煮好的猪蹄块。

⑤用油起锅，放入蒜头，撒上剩余姜片，倒入青椒圈，爆香。

⑥注入备好的三杯酱汁，倒入煮过的猪蹄，加入适量清水。

⑦烧开后转小火卤30分钟，放入罗勒叶，拌匀，煮至断生。

⑧关火后盛出卤好的菜肴，装在盘中，摆放好即可。

黄豆焖猪蹄

▍烹饪时间：63分钟 ▍营养功效：清热解毒

🌶 原料

猪蹄块400克，水发黄豆230克，八角、桂皮、香叶、姜片各少许

🍲 调料

盐、鸡粉各2克，生抽6毫升，老抽3毫升，料酒、水淀粉、食用油各适量

🍴 做法

❶锅中注水烧开，倒入洗净的猪蹄块，搅拌均匀。

❷加入料酒，拌匀，余去血水，捞出猪蹄，沥干水分。

❸用油起锅，爆香姜片，倒入猪蹄，加入老抽，炒匀。

❹放入八角、桂皮、香叶，炒出香味。

❺注入清水，至没过食材，拌匀，用中火焖约20分钟。

❻倒入黄豆，加入盐、鸡粉、生抽，拌匀，小火煮40分钟。

❼拣出桂皮、八角、香叶、姜片，倒入水淀粉，拌匀收汁。

❽关火后盛出焖煮好的菜肴即可。

可乐猪蹄

∎ 烹饪时间：23分钟 ∎ 营养功效：美容养颜

🌶 原料

可乐250毫升，猪蹄400克，红椒15克，葱段、姜片各少许

🍲 调料

盐3克，鸡粉、白糖各2克，料酒、生抽、水淀粉、芝麻油、食用油各适量

制作指导：

猪蹄入锅后，宜先用大火煮开再转小火焖煮，以免粘锅。

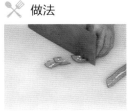

❶ 洗净的红椒去籽，切片。

❷ 锅中注水烧开，倒入猪蹄，淋入料酒，氽去血水，捞出。

❸ 热锅注油，放入姜片、葱段，倒入猪蹄，淋入生抽、料酒，炒匀。

❹ 放入可乐、盐、白糖、鸡粉，炒匀，用小火焖20分钟。

❺ 夹出葱段、姜片，放入红椒片、水淀粉、芝麻油，炒匀即可。

红烧猪尾

❚ 烹饪时间：33分钟 ❚ 营养功效：美容养颜

🌶 原料

猪尾350克，油菜80克，红曲米、八角、姜末、蒜末、葱段各少许

🍵 调料

盐2克，鸡粉2克，南乳10克，老抽3毫升，白糖10克，料酒、水淀粉、食用油各适量

🍴 做法

❶ 将洗净的猪尾斩成小段。

❷ 锅中注水烧开，倒入料酒，放入猪尾，汆去血水，捞出。

❸ 另起锅，注水烧开，放入食用油、油菜，焯熟捞出。

❹ 炒锅注油烧热，放入白糖，倒入猪尾，翻炒一会儿。

❺ 改大火，加入南乳、红曲米、八角、姜末、蒜末、葱段。

❻ 淋入料酒，加入盐、鸡粉，倒入清水、老抽，炒匀。

❼ 用小火焖30分钟，再用大火收汁，倒入水淀粉，炒匀。

❽ 关火后盛出焖好的猪尾，倒扣在盘上，在盘边摆上油菜即可。

酱爆猪肝

▌烹饪时间：3分30秒　　▌营养功效：保肝护肾

🌶 原料

猪肝500克，茭白250克，青椒、红椒、甜面酱各20克，蒜末、葱白、姜末各少许

🍲 调料

盐2克，鸡粉1克，生抽3毫升，料酒、水淀粉各5毫升，老抽1毫升，芝麻油、食用油各适量

🍴 做法

❶取一碗清水，放入猪肝，浸泡一小时至去除血水。

❷洗净的青椒、红椒均去籽，切块；茭白去皮，切菱形片。

❸取出猪肝，切片，加入盐、生抽、料酒、水淀粉，拌匀腌渍。

❹热锅注油，倒入腌好的猪肝，炒1分20秒至熟软，盛出装盘。

❺另起锅注油，倒入茭白，炒至断生，盛出，装盘。

❻锅中注油，倒入蒜末、姜末，放入甜面酱、猪肝、茭白。

❼放入红椒、青椒，加入盐、鸡粉、老抽，炒至入味。

❽加入水淀粉，淋入芝麻油，倒入葱白，炒匀盛出即可。

水煮猪肝

┃烹饪时间：2分30秒 ┃营养功效：增强免疫力

🌶 原料

猪肝300克，白菜200克，姜片、葱段、蒜末各少许

🍲 调料

盐、鸡粉各3克，料酒、生抽各4毫升，水淀粉、豆瓣酱、辣椒油、花椒油、食用油各适量

🍴 做法

❶将洗净的白菜切成细丝；处理干净的猪肝切薄片。

❷把猪肝放入碗中，加入盐、鸡粉、料酒、水淀粉，拌匀腌渍。

❸锅中注水烧开，倒入食用油，放入盐、鸡粉。

❹倒入白菜丝，拌匀，煮至熟软，捞出，沥干水分。

❺用油起锅，再倒入姜片、葱段、蒜末、爆香。

❻放入豆瓣酱，炒散，倒入猪肝片，淋入料酒，炒匀提味。

❼锅中注入清水，放入生抽、盐、鸡粉、辣椒油、花椒油。

❽倒入水淀粉，炒匀，关火后把煮好的猪肝盛入盘中即成。

肥肠香锅

▌烹饪时间： 8分钟 ▌营养功效： 养心润肺

🌶 原料

肥肠200克，土豆120克，香叶、八角、花椒、干辣椒、姜片、蒜末、葱段各适量

🍲 调料

盐3克，料酒8毫升，生抽、豆瓣酱、辣椒油、白糖、水淀粉、陈醋、老抽、食用油各适量

🍴 做法

❶洗净去皮的土豆切开，再切成块，改切成片。

❷锅中注水烧开，加入盐、土豆片，焯熟后捞出，沥干水分。

❸再倒入处理好的肥肠，淋入料酒，汆去异味，捞出。

❹用油起锅，倒入姜片、蒜末、葱段，炒匀、爆香。

❺放入香叶、八角、花椒、干辣椒、肥肠、料酒，炒匀。

❻放入生抽、豆瓣酱、辣椒油、土豆片、清水，炒匀煮沸。

❼加入老抽、盐、鸡粉、白糖、陈醋，倒入水淀粉，炒匀。

❽关火后将肥肠盛出，装入砂煲中，煲煮至食材熟透即可。

做法

❶锅中注水，放入牛肉、料酒，用中火煮10分钟，捞出。

❷用油起锅，放入姜片、葱结、桂皮、丁香、八角、陈皮、甘草。

❸加入白糖、清水、红曲米、盐、生抽、鸡粉、五香粉、老抽。

❹放入牛肉，烧开后转小火煮40分钟，捞出，沥干汁水。

❺把放凉的牛肉切薄片，摆放在盘中，浇上锅中的汤汁即可。

酱牛肉

▌烹饪时间：42分钟　　▌营养功效：增强免疫力

🌶 原料

牛肉300克，姜片、葱结、桂皮、丁香、八角、红曲米、甘草、陈皮各少许

🍲 调料

盐2克，鸡粉2克，白糖5克，生抽、老抽、五香粉、料酒、食用油各适量

制作指导：

汆煮好的牛肉可用冷水浸泡，让牛肉更紧缩，口感会更佳。

牛肉蔬菜咖喱

▍烹饪时间：3分钟　▍营养功效：益气补血

🌶 原料

牛肉380克，胡萝卜190克，土豆200克，
口蘑100克，姜片、咖喱块各适量

🍲 调料

盐2克，鸡粉2克，水淀粉6毫升，白糖2克，
食用油、食粉各适量

🍴 做法

❶洗净去皮的胡萝卜切菱形片；洗净去皮的土豆切成片。

❷洗净的口蘑去柄，切成片；处理好的牛肉切成片。

❸牛肉装碗，加入盐、鸡粉、食粉、水淀粉、食用油，拌匀腌制。

❹锅中注水烧开，倒入土豆、口蘑、胡萝卜，汆熟捞出。

❺倒入牛肉，搅匀汆煮一会儿，捞出，沥干水分，装盘备用。

❻用油起锅，倒入姜片、咖喱块，炒制溶化，注入清水。

❼倒入焯好的食材、牛肉，加入盐，再加入鸡粉、白糖。

❽加入水淀粉，翻炒均匀，将炒好的牛肉盛出装入盘中即可。

红烧牛肉

▌烹饪时间：7分30秒 ▌营养功效：增强免疫力

🌶 原料

牛肉300克，冰糖15克，干辣椒、花椒、桂皮、八角、葱段、姜片、蒜末各少许

🍲 调料

食粉2克，盐3克，鸡粉3克，生抽7毫升，水淀粉、陈醋、料酒、豆瓣酱、食用油各适量

🍴 做法

❶洗好的牛肉切成片，装入碗中，放入食粉、盐、鸡粉。

❷放入生抽、水淀粉，抓匀上浆，倒入食用油，拌匀腌渍。

❸锅中注水烧开，倒入牛肉片，煮熟捞出，沥干水分。

❹热锅注油烧热，倒入牛肉片，滑油半分钟，捞出。

❺用油起锅，放入姜片、蒜末、干辣椒、花椒、八角、桂皮、冰糖。

❻倒入牛肉，加入料酒、生抽、豆瓣酱、陈醋、盐、鸡粉，炒匀。

❼注入清水，搅匀煮沸，用中火焖5分钟，至食材熟软。

❽倒入水淀粉，炒匀，将炒好的菜肴盛出，撒上葱段即可。

牛肉煲芋头

■ 烹饪时间：81分钟　　■ 营养功效：保肝护肾

🌶 原料

牛肉300克，芋头300克，花椒、桂皮、
八角、香叶、姜片、蒜末、葱花各少许

🍲 调料

盐、鸡粉各2克，料酒、水淀粉各10毫升，
豆瓣酱10克，生抽4毫升，食用油适量

🍴 做法

❶洗净去皮的芋头切
成小块；洗好的牛肉
切成丁。

❷锅中注水烧开，倒
入牛肉丁，氽去血
水，捞出。

❸用油起锅，放入花
椒、桂皮、八角、香
叶、姜片、蒜末。

❹倒入牛肉丁，淋入
料酒，放入豆瓣酱、
生抽、盐、鸡粉。

❺倒入清水，煮至
沸，用小火焖1小时，
至食材熟软。

❻放入芋头，搅拌均
匀，再用小火焖至其
熟透。

❼倒入适量水淀粉勾
芡，将焖好的食材盛
入砂煲中。

❽置于火上，加热片
刻，取下砂煲，揭开
盖，撒上葱花即可。

茄子焖牛腩

▌烹饪时间：5分30秒　▌营养功效：降压降糖

🌶 **原料**

茄子200克，红椒、青椒各35克，熟牛腩150克，姜片、蒜末、葱段各少许

🍲 **调料**

豆瓣酱7克，盐3克，鸡粉2克，老抽2毫升，料酒4毫升，生抽6毫升，水淀粉、食用油各适量

🍴 **做法**

❶将洗净去皮的茄子切丁；洗好的青椒去籽，切成丁。

❷将洗净的红椒切成丁；熟牛腩切成块。

❸热锅注油烧热，放入茄子丁，炸约1分钟，捞出。

❹用油起锅，放入姜片、蒜末、葱段，炒匀、爆香。

❺倒入牛腩，淋入料酒，加入豆瓣酱，倒入生抽、老抽。

❻注入清水，放入炸好的茄子，倒入红椒、青椒，炒匀。

❼加入盐、鸡粉，炒匀，再用中火煮3分钟，至食材入味。

❽转大火收浓汁，倒入水淀粉，炒匀，关火后盛出即成。

酱牛蹄筋

▍烹饪时间：125分钟　▍营养功效：补钙

🌶 原料

牛蹄筋120克，朝天椒、八角、草果、香叶各少许

🍲 调料

料酒8毫升，生抽10毫升，盐3克，老抽4毫升，鸡粉2克，食用油适量

制作指导：

蹄筋较难煮烂，可以切成小一点儿的块后再进行烹饪。

🍴 做法

❶ 处理好的蹄筋切成小段，待用。

❷ 热锅注油烧热，倒入八角、草果、香叶，爆香。

❸ 倒入朝天椒、料酒、生抽，注入清水，加入盐、牛蹄筋，炒匀。

❹ 加入老抽，拌匀，煮开后转小火煮约两小时。

❺ 加入鸡粉，拌匀，关火，将煮好的蹄筋盛出装入盘中即可。

红焖羊肉

▌烹饪时间：53分钟 ▌营养功效：瘦身排毒

🌶 **原料**

羊肉300克，白萝卜、胡萝卜、大蒜籽、葱段、姜片、香叶、桂皮、八角、草果、沙姜各适量

🍲 **调料**

鸡粉2克，盐3克，老抽3毫升，生抽5毫升，料酒5毫升，水淀粉6毫升，食用油适量

🍴 **做法**

❶羊肉洗净切小块；去皮的胡萝卜、白萝卜切滚刀块。

❷用油起锅，倒入葱段、大蒜籽、姜片、羊肉，炒匀。

❸淋入料酒，放入生抽，快速翻炒均匀。

❹加入香叶、桂皮、八角、草果、沙姜、翻炒片刻。

❺注入适量的清水，加入老抽、盐，搅匀调味。

❻煮开后转小火煮至入味，倒入胡萝卜、白萝卜，拌匀。

❼续煮20分钟至食材熟透，将里面的香料捡出。

❽加入鸡粉，淋入水淀粉，大火翻炒收汁，盛入碗中即可。

红酒炖羊排

■ 烹饪时间：57分钟　　■ 营养功效：增强免疫力

🌶 原料

羊排骨段300克，芋头180克，胡萝卜块120克，芹菜、红酒、蒜头、姜片、葱段各适量

🍲 调料

盐2克，白糖、鸡粉各3克，生抽5毫升，料酒6毫升，食用油适量

🍴 做法

❶去皮洗净的芋头切成小块；洗净的芹菜切长段。

❷热锅注油烧热，倒入芋头块，用小火炸3分钟，捞出。

❸锅中注水烧开，倒入羊排骨段、料酒，余去血水，捞出。

❹用油起锅，倒入羊排骨段，放入蒜头、姜片、葱段，爆香。

❺加入红酒、清水，烧开后用小火煮30分钟，至食材熟软。

❻倒入芋头、胡萝卜块，加入盐、白糖、生抽，拌匀调味。

❼用小火续煮约25分钟，至食材入味，倒入芹菜段，拌匀。

❽撒上鸡粉，炒匀，至汤汁收浓，关火后盛出即成。

红枣板栗焖兔肉

▍烹饪时间：57分钟　▍营养功效：益气补血

🌶 原料

兔肉块230克，板栗肉80克，红枣15克，
姜片、葱条各少许

🍲 调料

料酒7毫升，盐2克，鸡粉2克，胡椒粉3克，
芝麻油3毫升，水淀粉10毫升

🍴 做法

①锅中注水烧开，倒入洗净的兔肉块，氽去血水。

②淋入料酒，放入姜片、葱条，略煮一会儿，捞出，沥干水。

③用油起锅，放入兔肉块，炒匀，倒入姜片、葱条，爆香。

④淋入料酒，炒匀，注入清水，倒入红枣、板栗肉。

⑤盖上盖，烧开后用小火焖约40分钟。

⑥揭盖，加入盐，拌匀，用中小火焖约15分钟。

⑦加入鸡粉、胡椒粉、芝麻油，转大火收汁。

⑧用水淀粉勾芡，关火后盛出焖煮好的菜肴即可。

❶ 处理好的白切鸡斩成块，装入碗中。

❷ 加入冬菜、盐、鸡粉、胡椒粉，搅匀。

❸ 蒸锅上火烧开，放上白切鸡，中火蒸20分钟酥软。

❹ 取出白切鸡倒扣在盘中，依次放上姜末、枸杞、葱花。

❺ 热锅注入食用油，烧至八成热，浇在鸡肉上即可。

冬菜蒸白切鸡

▌烹饪时间：21分钟 ▌营养功效：增强免疫力

原料

白切鸡800克，冬菜80克，枸杞15克，姜末、葱花各少许

调料

盐2克，鸡粉2克，胡椒粉、食用油各适量

制作指导：

鸡肉本身就是熟的，所以蒸的时候要注意火候，以免肉质变老，影响口感。

黄焖鸡

烹饪时间：48分钟 ┃ 营养功效：益气补血

🌶 原料

鸡肉块350克，水发香菇、水发木耳、水发笋干、干辣椒、姜片、蒜头、葱段、啤酒各适量

🍲 调料

盐3克，鸡粉少许，蚝油6克，料酒4毫升，生抽5毫升，水淀粉、食用油各适量

🍴 做法

❶将洗净的笋干切成小段。

❷用油起锅，爆香姜片、蒜头、葱白，倒入鸡肉块。

❸淋上料酒，翻炒出肉香味，放入香菇、笋干，撒上干辣椒。

❹大火炝出辣味，再倒入啤酒，加入盐、生抽、蚝油，拌匀。

❺烧开后用小火焖30分钟，至鸡肉入味。

❻倒入洗净的木耳，炒匀，用中小火煮至食材熟透。

❼加入鸡粉，炒匀，撒上葱叶，用水淀粉勾芡，炒至汤汁收浓。

❽关火后盛焖好的菜肴，装在盘中即可。

蒜子陈皮鸡

▌烹饪时间：2分钟 ▌营养功效：开胃消食

🌶️ 原料

鸡腿250克，彩椒120克，鸡腿菇50克，水发陈皮6克，蒜头30克，姜片、葱段各少许

🍲 调料

生抽12毫升，盐4克，鸡粉4克，水淀粉8毫升，料酒10毫升，食用油适量

🍴 做法

①洗净的鸡腿菇切小块；洗好的彩椒去籽，切成小块。

②鸡腿切小块，加入生抽、盐、鸡粉、料酒、水淀粉，抓匀上浆。

③锅中注水烧开，放入食用油、盐、鸡腿菇、彩椒，煮熟捞出。

④热锅注油烧热，放入蒜头，炸至微黄色，捞出，沥干油。

⑤再将鸡块倒入油中，搅散，至其变色，捞出。

⑥锅底留油，爆香姜片、葱段，放入陈皮、蒜头，炒匀。

⑦放入鸡块、料酒、鸡腿菇、彩椒、盐、鸡粉、生抽，炒匀。

⑧倒入水淀粉，翻炒片刻，使其入味，关火后盛出即可。

🍴 做法

❶锅中注水烧热，倒入鸡胸肉、料酒，烧开后煮熟，捞出。

❷洗好的西芹用斜刀切段；放凉的鸡胸肉切成片。

❸锅中注水烧开，倒入西芹，煮至熟，捞出，沥干水分。

❹碗中加入盐、鸡粉、生抽、辣椒油、花生碎、葱花，拌成味汁。

❺取一个盘子，放入西芹、鸡肉，摆放好，浇上味汁即可。

三油西芹鸡片

■ 烹饪时间：18分钟　　■ 营养功效：清热解毒

🌶 原料

鸡胸肉170克，西芹100克，花生碎30克，葱花少许

🍲 调料

盐2克，鸡粉2克，料酒7毫升，生抽4毫升，辣椒油6毫升

制作指导：

西芹焯煮的时间不宜过长，否则会失去其香脆多汁的口感。

左宗棠鸡

烹饪时间：1分30秒 | **营养功效：增强免疫力**

原料

鸡腿250克，鸡蛋1个，姜片、干辣椒、蒜末、葱花各少许

调料

辣椒油5毫升，鸡粉3克，盐3克，白糖4克，料酒10毫升，生粉30克，白醋、食用油各适量

做法

①处理干净的鸡腿去除骨头，切成小块。

②把鸡肉装入碗中，放入盐、鸡粉、料酒、蛋黄、生粉，搅匀。

③热锅注油烧热，倒入鸡肉，快速搅散，炸至金黄色。

④将炸好的鸡肉捞出，沥干油，待用。

⑤锅底留油，放入蒜末、姜片、干辣椒，爆香。

⑥倒入鸡肉，淋入料酒，放入辣椒油、盐、鸡粉、白糖。

⑦淋入白醋，倒入葱花，持续翻炒片刻，使其更入味。

⑧将炒好的鸡肉盛出，装入碗中即可。

蜀香鸡

▌烹饪时间：1分30秒　▌营养功效：益智健脑

🌶 原料

鸡翅根350克，鸡蛋1个，青椒15克，干辣椒5克，花椒3克，蒜末、葱花各少许

🍲 调料

盐、鸡粉各2克，豆瓣酱8克，辣椒酱12克，料酒4毫升，生抽5毫升，生粉、食用油各适量

🍴 做法

❶将洗净的青椒切圈；洗好的鸡翅根斩成小块。

❷鸡蛋打入碗中，调匀，制成蛋液。

❸把鸡块装入碗中，加入蛋液、盐、鸡粉、生粉，拌匀挂浆。

❹热锅注油烧热，倒入鸡块，拌匀，炸至其呈金黄色，捞出。

❺锅底留油，烧热，放入蒜末、干辣椒、花椒，用大火爆香。

❻倒入青椒圈，再放入炸好的鸡块，翻炒匀，淋上少许料酒。

❼加入豆瓣酱、生抽、辣椒酱、葱花，炒匀，至散出葱香味。

❽关火后盛出炒好的菜肴，装入盘中即可食用。

东安子鸡

烹饪时间：20分钟 **营养功效：增强免疫力**

🌶 原料

鸡肉400克，红椒35克，辣椒粉15克，花椒8克，姜丝30克

🍲 调料

料酒10毫升，鸡粉、盐各4克，鸡汤30毫升、米醋、辣椒油、花椒油、食用油各适量

🍴 做法

①锅中注水烧开，放入鸡肉，淋入料酒，加入鸡粉、盐。

②烧开后用小火煮15分钟，把氽煮好的鸡肉捞出。

③洗净的红椒去籽，切成丝；放凉的鸡肉斩成小块。

④用油起锅，倒入姜丝、花椒，爆香。

⑤放入辣椒粉，倒入鸡肉块，略炒片刻。

⑥加入鸡汤，淋入米醋，放入盐、鸡粉，炒匀调味。

⑦淋入辣椒油、花椒油，炒匀，放入红椒丝，翻炒至其断生。

⑧把炒好的菜肴盛出，装入盘中即可。

✕ 做法

❶ 洗净的土豆切滚刀块，待用。

❷ 用油起锅，爆香干辣椒、姜片，倒入腊鸡腿块。

❸ 加入料酒、生抽、土豆块，注入清水，倒入木耳。

❹ 加入盐，拌匀，大火焖约15分钟至腊鸡腿变软。

❺ 加入鸡粉、胡椒粉、老抽，炒匀，关火后盛出即可。

腊鸡腿烧土豆

▎烹饪时间：17分钟　▎营养功效：开胃消食

🥒 **原料**

腊鸡腿块150克，去皮土豆110克，水发木耳70克，干辣椒15克，姜片少许

🍲 **调料**

盐、鸡粉、胡椒粉各2克，老抽、料酒、生抽各5毫升，食用油适量

制作指导：

用温水浸泡腊鸡腿，不仅可以去除油脂表面的灰尘，且还能去除部分咸味。

蜜酱鸡腿

▌烹饪时间：6分钟　▌营养功效：增强免疫力

🌶 原料

鸡腿350克，朗姆酒70毫升，草果、八角各2个，桂皮1片，蜂蜜15克，葱段、白芝麻、姜末、生菜丝各适量

🍲 调料

白糖、白胡椒粉各5克，料酒5毫升，生抽15毫升，食用油适量

🍴 做法

❶草果切碎；桂皮切碎；八角拍碎；洗净的鸡腿去骨。

❷在去骨鸡腿上划数道一字刀，装入碗中，放入姜末、草果。

❸加入八角、桂皮、朗姆酒、生抽、白胡椒粉、白糖，拌匀。

❹用保鲜膜密封碗口，放入冰箱保鲜12小时至腌渍入味。

❺小碗中倒入蜂蜜、剩余朗姆酒和生抽、料酒，拌成调味汁。

❻锅置火上，倒入调味汁，拌匀，煮至汁液浓稠，制成酱汁。

❼油锅中放入鸡腿肉、葱段，刷调味汁，将鸡腿肉煎至焦黄，取出。

❽将鸡腿肉切片，放入装有生菜丝的盘中，撒上白芝麻即可。

香菇鸡腿芋头煲

▌烹饪时间：33分钟 ▌营养功效：益气补血

 原料

鸡腿块350克，芋头185克，香菇35克，姜片、葱段各少许

🍲 调料

盐2克，鸡粉2克，料酒4毫升，老抽2毫升，生抽3毫升，食用油适量

🍴 做法

①洗净去皮的芋头切菱形块；洗好的香菇去蒂，切小块。

②热锅注油烧热，倒入芋头，用中火炸3分钟，捞出。

③用油起锅，倒入鸡腿块、姜片、葱段爆香。

④淋入料酒、老抽，注入清水，倒入香菇，炒匀。

⑤加入生抽、盐，放入芋头，炒匀。

⑥加入鸡粉，炒匀，关火后将锅中的菜肴装入砂煲中。

⑦将砂锅置于火上，盖上锅盖，烧开后用小火煮约30分钟。

⑧关火后揭开锅盖，撒上葱段即可。

❶取一个大碗，倒入鸡翅，注入开水，去除血水，捞出。

❷热锅注油烧热，倒入鸡翅，煎出香味。

❸倒入姜丝、葱段、啤酒，加入老抽、生抽、盐、白糖。

❹烧开后转中火焖10分钟，至食材熟透，大火收汁。

啤酒鸡翅

▌烹饪时间：11分钟　　▌营养功效：增强免疫力

🌶 原料

鸡翅700克，啤酒150毫升，葱段5克，姜丝5克

🍲 调料

老抽3毫升，生抽5毫升，盐2克，白糖2克，食用油适量

制作指导：

啤酒可以将气泡放完了再烹煮，口感会更好。

❺关火，将煮好的鸡翅盛出装入盘中。

香辣鸡翅

▮ 烹饪时间：3分钟　▮ 营养功效：增强免疫力

🌶 **原料**

鸡翅270克，干辣椒15克，蒜末、葱花各少许

🍲 **调料**

盐3克，生抽3毫升，白糖、料酒、辣椒油、辣椒面、食用油各适量

🍴 **做法**

❶ 洗净的鸡翅装碗，加入盐、生抽、白糖、料酒，拌匀腌渍。

❷ 热锅注油烧热，放入鸡翅，用小火炸至其呈金黄色，捞出。

❸ 锅底留油烧热，倒入蒜末、干辣椒，炒匀、爆香。

❹ 放入炸好的鸡翅，淋入料酒，炒香，加入生抽，炒匀。

❺ 倒入辣椒面，炒香，淋入少许辣椒油，炒匀。

❻ 加入少许盐，炒匀调味。

❼ 撒上葱花，炒出葱香味。

❽ 关火后盛出炒好的鸡翅即可。

蔬菜烘蛋

▌烹饪时间：2分钟　▌营养功效：益智健脑

🌶 原料

金针菇120克，包菜15克，彩椒30克，香菇35克，鸡蛋2个

🍲 调料

盐2克、水淀粉、食用油各适量

🍴 做法

❶洗好的香菇切成小丁块；洗净的彩椒切成小丁块。

❷洗好的包菜切小块；洗净的金针菇切去根部，再切丁。

❸鸡蛋打入碗中，打散调匀，放入少许水淀粉、盐，拌匀。

❹倒入切好的金针菇、彩椒、包菜、香菇，拌匀成蛋液。

❺煎锅置火上，淋入食用油烧热。

❻倒入蛋液，摊开，铺平，晃动锅底，小火煎至蛋饼成形。

❼卷成蛋卷，再煎一会儿，至食材熟透。

❽关火后盛出蛋饼，切成小块，摆入盘中即可。

✕ 做法

❶柚子皮切小块；洗净的红彩椒切小块。

❷用油起锅，爆香蒜头，放入切好的鸭肉，煎至微黄。

❸加入料酒、柱侯酱、生抽，倒入白酒，注入清水。

❹放入柚子皮、盐、白糖，拌匀，煮开后转小火炆30分钟。

❺放入红彩椒、鸡粉、水淀粉炒匀，盛出，点缀上香菜即可。

柚皮炆鸭

▌烹饪时间：40分钟　　▌营养功效：清热解毒

🦆 原料

鸭肉250克，柚子皮80克，蒜头4瓣，柱侯酱10克，白酒30毫升，红彩椒5克

🍲 调料

盐、鸡粉各1克，白糖2克，生抽、料酒、水淀粉、食用油各5毫升

制作指导：

柚子皮需事先用清水泡两头，这样才能去除其苦涩味。

酱鸭子

┃烹饪时间：37分钟 ┃营养功效：清热解毒

🌶 原料

鸭肉650克，八角、桂皮、香葱、姜片各少许

🍲 调料

甜面酱10克，料酒5毫升，生抽10毫升，老抽5毫升，白糖3克，盐3克，食用油适量

🍴 做法

❶将处理好的鸭肉上抹上老抽、甜面酱，腌渍两个小时。

❷热锅注油烧热，放入鸭肉，煎至两面微黄，盛出。

❸锅底留油烧热，倒入八角、桂皮，炒匀、炒香。

❹倒入姜片、香葱，炒制片刻，注入适量清水。

❺加入生抽、老抽、料酒、白糖、盐，搅拌均匀。

❻放入鸭肉，大火煮开后转小火煮35分钟至熟透。

❼盛出鸭肉，将汤汁倒入碗中待用。

❽将鸭肉放入砧板上，斩成块状装盘，浇上汤汁即可。

茭白烧鸭块

▎烹饪时间：37分钟　▎营养功效：增强免疫力

🌶 **原料**

鸭肉500克，青椒、红椒、茭白各50克，五花肉100克，陈皮、香叶、八角、沙姜、生姜、蒜头、葱段、冰糖各适量

🍲 **调料**

盐、鸡粉各1克，料酒5毫升，生抽10毫升，食用油适量

🍴 **做法**

❶洗净的生姜切厚片；洗好的红椒、青椒均切成圈。

❷洗好的茭白切滚刀块；五花肉切厚片。

❸用油起锅，爆香姜片、蒜头，放入洗净切块的鸭肉。

❹倒入葱段，加入五花肉，炒匀，加入生抽、料酒。

❺放入陈皮、香叶、八角、沙姜，加入冰糖，倒入茭白，翻炒均匀。

❻注入清水，加入盐，拌匀，煮开后转小火焖30分钟。

❼倒入青椒、红椒，加入鸡粉、生抽，翻炒均匀。

❽关火后盛出焖好的菜肴，装盘即可。

酸豆角炒鸭肉

▌烹饪时间：23分钟　　▌营养功效：养心润肺

🥢 **原料**

鸭肉500克，酸豆角180克，朝天椒40克，姜片、蒜末、葱段各少许

🍲 **调料**

盐、鸡粉各3克，白糖4克，料酒10毫升，生抽、水淀粉各5毫升，豆瓣酱10克，食用油适量

🍴 **做法**

❶处理好的酸豆角切段；将洗净的朝天椒切圈。

❷锅中注水烧开，倒入酸豆角，煮半分钟，捞出，沥干水。

❸把鸭肉倒入沸水锅中，氽去血水，捞出，沥干水分。

❹用油起锅，爆香葱段、姜片、蒜末、朝天椒，倒入鸭肉。

❺淋入料酒，放入豆瓣酱、生抽，加清水，放入酸豆角。

❻放入盐、鸡粉、白糖，用小火焖20分钟至食材入味.

❼倒入少许水淀粉，翻炒均匀。

❽盛出炒好的菜肴，装入盘中，放入葱段即可。

✕ 做法

❶ 洗好的朝天椒切圈；洗净的香菜切成小段。

❷ 沸水锅中放入腊鸭、料酒，汆去多余盐分，捞出。

❸ 用油起锅，放入蒜末，爆香，放入朝天椒、腊鸭，炒匀。

❹ 淋入料酒，放入豆瓣酱、鸡粉，炒匀。

❺ 加入水淀粉、香菜，翻炒片刻至其入味，关火后盛出即可。

小米椒炒腊鸭

▌烹饪时间：1分30秒 ▌营养功效：开胃消食

🌶 原料

腊鸭300克，香菜25克，朝天椒30克，蒜末少许

🍲 调料

鸡粉3克，料酒20毫升，豆瓣酱15克，水淀粉、食用油各适量

制作指导：

腊鸭汆煮的时间不要太久，以免失去了腊鸭原本的味道。

腊鸭焖土豆

▌烹饪时间：18分钟 ▌营养功效：增强免疫力

🌶 **原料**

腊鸭块360克，土豆300克，红椒、青椒各35克，洋葱50克，姜片、蒜片各少许

🍲 **调料**

盐2克，鸡粉2克，生抽3毫升，老抽2毫升，料酒3毫升，食用油适量

🍴 **做法**

❶将洗净去皮的土豆对半切开，切成小块；洋葱切片。

❷青椒切开，去籽，切片；红椒切开，去籽，切片。

❸用油起锅，放入腊鸭块，略炒。

❹放入姜片、蒜片，炒香，放生抽、料酒，炒匀。

❺加入清水，放入土豆、老抽、盐。

❻盖上盖子，中火焖15分钟。

❼揭盖，放入洋葱、青椒、红椒，炒匀。

❽放鸡粉，炒匀，将菜肴盛出装碗即可。

茶树菇炖鸭掌

▎烹饪时间：32分钟 ▎营养功效：防癌抗癌

🌶 **原料**

鸭掌200克，水发茶树菇90克，姜片、蒜末、葱段各少许

🍲 **调料**

盐2克，鸡粉2克，料酒18毫升，豆瓣酱10克，南乳10克，蚝油5克，水淀粉10毫升，食用油适量

🍴 **做法**

❶洗好的茶树菇切去根部；洗净的鸭掌去除爪尖，斩成小块。

❷锅中注水烧开，倒入鸭掌，煮沸后加入料酒，汆去血水后捞出。

❸锅中倒入食用油，放入姜片、蒜末、葱段，爆香。

❹倒入鸭掌，炒匀，淋入料酒，加入豆瓣酱、盐、鸡粉。

❺倒入南乳，加入清水，放入茶树菇，翻炒均匀。

❻用小火焖30分钟，用大火收汁，加入蚝油，炒匀。

❼倒入适量水淀粉，快速翻炒均匀。

❽关火后盛出锅中的食材即可。

香菇肉末蒸鸭蛋

┃烹饪时间：15分钟 ┃营养功效：降低血压

原料

香菇45克，鸭蛋2个，肉末200克，葱花少许

调料

盐3克，鸡粉3克，生抽4毫升，食用油适量

制作指导：

鸭蛋需要蒸两次，应该把握好时间，以免口感变老。

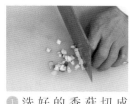

❶ 洗好的香菇切成条，改切成粒。

❷ 将鸭蛋打入碗中，加入盐、鸡粉、温水，拌匀。

❸ 用油起锅，放入肉末、香菇粒、生抽、盐、鸡粉，炒匀。

❹ 把蛋液放入蒸锅中蒸10分钟至蛋液凝固，放上香菇肉末。

❺ 再用小火蒸熟，取出，放入葱花，浇上熟油即可。

黄焖仔鹅

▌烹饪时间：7分钟 ▌营养功效：益气补血

🥗 原料

鹅肉600克，嫩姜120克，红椒1个，姜片、蒜末、葱段各少许

🍲 调料

盐3克，鸡粉3克，生抽、老抽各少许，黄酒、水淀粉、食用油各适量

🍴 做法

❶将洗净的红椒去籽，再切小块；洗好的嫩姜切片。

❷锅中注水烧开，放入嫩姜，煮1分钟，捞出，放入盘中。

❸把洗净的鹅肉倒入沸水锅中，拌匀，汆去血水，捞出。

❹用油起锅，爆香蒜末、姜片，倒入鹅肉，炒匀。

❺加入生抽、盐、鸡粉、黄酒，炒匀，倒入清水。

❻放入老抽，盖上盖，用小火焖5分钟。

❼揭盖，拌匀，放入红椒，倒入水淀粉，拌匀。

❽盛出锅中的食材，装入盘中，放入葱段即可。

鹅肝炖土豆

▌烹饪时间：47分钟 ▌营养功效：养颜美容

🌶 原料

鹅肝250克，土豆200克，香菜末、葱花各少许

🍲 调料

盐2克，甜面酱20克，料酒、生抽各4毫升，白糖、食用油各适量

🍴 做法

❶洗净去皮的土豆切成小块；洗好的鹅肝切片。

❷用油起锅，倒入甜面酱，炒香。

❸放入鹅肝，炒匀，淋入料酒，炒香。

❹倒入土豆块，炒匀，注入适量清水。

❺盖上盖，烧开后用小火煮约30分钟。

❻揭开盖，加入盐、白糖、生抽。

❼再盖上盖，用小火续煮约15分钟至食材熟透。

❽关火后盛出煮好的菜肴，装入盘中，撒上香菜末、葱花即可。

红烧鹌鹑

烹饪时间：18分钟 ┃ 营养功效：降低血压

🌶 原料

鹌鹑肉300克，豆干200克，胡萝卜90克，花菇、姜片、葱条、蒜头、香叶、八角各少许

🍲 调料

料酒、生抽各6毫升，盐、白糖各2克，老抽2毫升，水淀粉、食用油各适量

🍴 做法

①洗好的葱条切段；洗净的蒜头切小块。

②洗好去皮的胡萝卜切成小块；洗净的花菇切成小块。

③把豆干切成三角块，备用。

④用油起锅，放入蒜头，加入姜片、葱条、鹌鹑肉，炒匀。

⑤淋入料酒，加入生抽，炒匀，倒入香叶、八角，注入清水。

⑥加入盐、白糖，淋入老抽，倒入胡萝卜、花菇、豆干，炒匀。

⑦烧开后用小火焖约15分钟，用大火收汁，倒入水淀粉，拌匀。

⑧关火后盛出锅中的菜肴即可。

酱香开屏鱼

■ 烹饪时间：11分钟　■ 营养功效：增强免疫力

🌶 **原料**

鲈鱼700克，黄豆酱30克，香葱15克，红椒10克，姜丝、红枣各少许

🍲 **调料**

蒸鱼豉油15毫升，盐2克，料酒8毫升，食用油适量

🍴 **做法**

❶摘洗好的香葱捆好切成细丝；洗净的红椒切成圈。

❷处理好的鲈鱼切成小段；大盘中摆上鱼头，鱼嘴里放红枣。

❸将鱼块摆成孔雀尾状，放上盐、姜丝，淋入少许料酒。

❹将蒸鱼豉油倒入黄豆酱内，搅拌均匀成酱汁。

❺蒸锅上火烧开，放入鲈鱼，大火蒸10分钟至熟。

❻将鱼取出，剔去多余姜丝。

❼浇上黄豆酱汁，放入葱丝、红椒丝。

❽锅中注入食用油，烧至七成热，浇在鱼身上即可。

✖ 做法

① 处理干净的福寿鱼两面切上网格花刀，备用。

② 将福寿鱼裹上生粉，放入油锅中，炸至金黄色，捞出。

③ 用油起锅，放入姜末、蒜末、番茄酱、白醋，拌匀。

④ 加入白糖、盐、水淀粉，翻炒均匀。

⑤ 撒上葱花，拌匀，调制成味汁，浇在炸好的鱼上即可。

糖醋福寿鱼

▌烹饪时间：4分钟　　▌营养功效：增强免疫力

🌶 原料

福寿鱼400克，姜末、蒜末、葱花各少许

🍲 调料

盐2克，番茄酱10克，白糖8克，白醋6毫升，水淀粉、生粉、食用油各适量

制作指导：

生粉不要裹太厚，以免影响口感。

香辣砂锅鱼

烹饪时间：3分30秒 **营养功效：开胃消食**

原料

草鱼肉块300克，黄瓜60克，红椒、泡小米椒、花椒、姜片、葱段、蒜末、香菜末各少许

调料

盐2克，鸡粉3克，生抽8毫升，老抽1毫升，豆瓣酱6克，水淀粉生粉、食用油各适量

做法

❶泡小米椒切碎；洗净的红椒切成小块；洗好的黄瓜切成丁。

❷洗净的草鱼块中加入生抽、盐、鸡粉、生粉，拌匀上浆。

❸热锅注油烧热，倒入草鱼块，炸至其呈金黄色，捞出。

❹锅底留油烧热，放入葱段、姜片、蒜末、花椒，爆香。

❺倒入黄瓜、红椒、泡小米椒，加入豆瓣酱，注入清水。

❻加入生抽、老抽、鸡粉、盐，炒匀，倒入草鱼块，煮沸。

❼倒入水淀粉，翻炒均匀，略煮片刻至食材入味。

❽关火后将锅中的材料装入砂锅中，煮沸，点缀上香菜即可。

麻辣香水鱼

| 烹饪时间：5分30秒 | 营养功效：增强免疫力

🌶 原料

草鱼400克，大葱40克，酸泡菜70克，香菜、泡椒、姜片、干辣椒、蒜末、葱花各适量

🍲 调料

盐、鸡粉各4克，水淀粉10毫升，生抽5毫升，豆瓣酱12克，白糖2克，料酒4毫升，食用油适量

🍴 做法

❶洗好的香菜切小段；洗净的大葱切段；泡椒去蒂切碎。

❷草鱼切去鱼鳍，鱼头斩小块；鱼骨切段；鱼腩去骨切小段。

❸鱼肉切片；将鱼头、鱼骨和鱼腩用盐、鸡粉、水淀粉拌匀腌渍。

❹鱼肉用盐、鸡粉、料酒、水淀粉、食用油腌渍。

❺用油起锅，倒入姜片、蒜末、干辣椒、大葱段、泡椒、酸泡菜。

❻放入清水、豆瓣酱、盐、鸡粉、白糖、鱼骨、鱼头，拌匀。

❼煮熟后将食材装碗；锅中放入鱼肉、生抽，煮熟后盛入碗中。

❽撒上香菜、葱花，再浇上热油逼出香气即可。

茄香黄鱼煲

▌烹饪时间：13分钟 ▌营养功效：增强免疫力

🌶 原料

茄子150克，黄鱼250克，日本豆腐150克，高汤150毫升，干辣椒、红椒粒、青椒粒、蒜末、葱段、姜片各少许

🍲 调料

盐2克，鸡粉2克，生抽5毫升，生粉、食用油各适量

🍴 做法

❶茄子洗净切滚刀块；日本豆腐切粗条；黄鱼对半切开。

❷热锅注油烧热，倒入茄子，搅匀，炸至金黄色，捞出。

❸将日本豆腐滚上生粉，放入油锅，炸至金黄色，捞出。

❹把裹好生粉的鱼肉放入油锅中，煎至两面呈金黄色，捞出。

❺将茄子、豆腐、鱼肉放入砂锅中。

❻用油起锅，放入姜片、蒜末、葱段、干辣椒、青椒粒、红椒粒。

❼再放入高汤、鸡粉、生抽、盐，搅匀调味，制成酱汁。

❽将炒好的酱汁盛入砂锅中，大火煲煮至食材入味即可。

果汁生鱼卷

▎烹饪时间：4分钟 ▎营养功效：开胃消食

🌶 原料

生鱼肉180克，橙汁40毫升，紫甘蓝35克，火腿45克，胡萝卜40克，水发香菇30克

🍲 调料

盐3克，鸡粉2克，白糖4克，生粉、水淀粉、食用油各适量

🍴 做法

①洗净去皮的胡萝卜切丝；火腿切丝；洗净的香菇切粗丝。

②生鱼肉去鱼骨，切片，加入盐、鸡粉、水淀粉，拌匀腌渍。

③锅中注水烧开，加入盐、胡萝卜、香菇，煮熟后捞出。

④沸水锅放入食用油、紫甘蓝，焯熟后捞出，沥干水分。

⑤案台上撒生粉，铺开生鱼片，放上火腿丝、胡萝卜丝、香菇丝。

⑥卷成生鱼卷生坯，放入油锅中，炸熟透后捞出。

⑦用油起锅，放入清水、白糖、橙汁、水淀粉拌匀，调成稠汁。

⑧放入生鱼卷，拌匀使鱼卷裹上稠汁，盛入紫甘蓝围边的盘中即成。

酱烧武昌鱼

■ 烹饪时间：13分钟 ■ 营养功效：健脾止泻

🌶 原料

武昌鱼650克，黄豆酱30克，红椒30克，姜末、蒜末、葱花各少许

🍲 调料

盐3克，胡椒粉2克，白糖1克，陈醋、水淀粉各5毫升，料酒10毫升，食用油适量

🍴 做法

①红椒洗净去籽，切丁；武昌鱼洗净，鱼身上划一字花刀。

②在武昌鱼一面鱼身上撒入盐、胡椒粉，淋入料酒，抹匀腌渍。

③热锅注油，放入武昌鱼，煎至两面微黄，盛出。

④另起锅注油，爆香姜末、蒜末，放入黄豆酱、清水、武昌鱼。

⑤加入盐、白糖、陈醋，拌匀，用小火焖10分钟，盛出。

⑥往锅中的剩余汤汁里加入红椒，缓缓倒入水淀粉，拌匀。

⑦倒入少许食用油，边倒边搅匀，放入葱花，拌匀成酱汁。

⑧关火后盛出酱汁浇到焖好的武昌鱼身上即可。

腊肉鳅鱼钵

▌烹饪时间：8分钟 ▌营养功效：益气补血

🌶 **原料**

泥鳅300克，腊肉300克，紫苏15克，剁椒20克，豆瓣酱20克，白酒15毫升，葱段、姜片、蒜片、青菜叶各少许

🍲 **调料**

鸡粉2克，白糖3克，水淀粉、老抽、芝麻油、食用油各适量

🍴 **做法**

① 腊肉切片；洗净的泥鳅切一字刀，再切成段。

② 锅中注水烧开，倒入腊肉，余煮片刻，捞出，沥干水分。

③ 锅中注油烧热，放入泥鳅，油炸至其成金黄色，捞出。

④ 锅底留油，倒入姜片、蒜片、剁椒、腊肉，炒匀。

⑤ 倒入豆瓣酱、泥鳅，炒匀，倒入白酒，注入清水，拌匀。

⑥ 大火焖5分钟至食材熟透，加入鸡粉、白糖、老抽，炒匀。

⑦ 放入紫苏，炒匀，倒入葱段、水淀粉，炒匀。

⑧ 加入芝麻油炒匀，关火后将菜肴装入放有青菜叶的碗中即可。

珊瑚鳜鱼

| 烹饪时间：5分钟 | 营养功效：增强免疫力

原料

鳜鱼500克，蒜末、葱花各少许

调料

番茄酱15克，白醋5毫升，白糖2克，
水淀粉4毫升，生粉、食用油适量

制作指导：

炸鱼的时候最好多搅
动，使鱼肉受热更加的
均匀。

做法

❶ 处理干净的鳜鱼剁
去头尾，去骨留肉，在
鱼肉上打上麦穗花刀。

❷ 用油起锅，鱼肉两面
沾上生粉，放入油锅
中，炸至金黄色，捞出。

❸ 将鱼的头尾蘸上生
粉，入油锅炸成金黄
色，捞出，摆入盘中。

❹ 锅底留油，加蒜末、
番茄酱、白醋、白糖、
水淀粉，搅匀成酱汁。

❺ 关火，将调好的酱
汁浇在鱼肉身上，撒
上葱花即可。

黄芪水煮鱼

烹饪时间：10分钟 | **营养功效：增强免疫力**

原料

草鱼500克，豆芽150克，生菜200克，干辣椒、花椒、黄芪各10克，枸杞5克，蛋清20克，姜片、葱花、忽段各少许

调料

盐3克，鸡粉2克，豆瓣酱10克，料酒10毫升，生粉、食用油各适量

做法

❶处理干净的草鱼切开，鱼骨剁块，鱼肉切片，装入碗中。

❷放入少许盐、鸡粉、蛋清，加入生粉，搅拌均匀。

❸热锅注油，倒入鱼骨、姜片、葱段、豆瓣酱，炒匀。

❹注入清水，倒入黄芪、枸杞、料酒，煮沸，拣出鱼骨。

❺放入生菜、豆芽，搅拌片刻，煮至软，捞出，摆入碗中。

❻再将鱼片倒入锅中，搅拌匀，煮至熟，捞出，盛入碗中。

❼另起锅，倒入食用油烧热，放入花椒、干辣椒，炒出香味。

❽关火后将炒好的油浇在鱼肉上，撒上葱花即可。

❶ 洗净的豆腐切小方块；用油起锅，将处理干净的鲫鱼煎熟。

❷ 放入干辣椒、花椒、姜片、蒜末、醪糟汁、清水、豆瓣酱。

❸ 放入生抽、盐、花椒油、豆腐块、陈醋拌匀，煮熟后盛出鲫鱼。

❹ 将锅中剩余汤汁烧热，放入老抽、水淀粉拌匀，制成味汁。

❺ 关火后盛出味汁，浇在鱼身上，点缀上葱花，撒上花椒粉即成。

麻辣豆腐鱼

▌烹饪时间：8分30秒 ▌营养功效：益气补血

原料

净鲫鱼300克，豆腐200克，醪糟汁、干辣椒、花椒、姜片、蒜末、葱花各适量

调料

盐2克，豆瓣酱、花椒粉、老抽、生抽、陈醋、水淀粉、花椒油、食用油各适量

制作指导：

豆瓣酱有咸味，烹饪此菜时可以少放点盐。

绣球鲈鱼

▌烹饪时间：32分钟　▌营养功效：保肝护肾

🌶 原料

鲈鱼350克，胡萝卜60克，油菜30克，芹菜25克，葱段10克，鸡蛋1个，高汤160毫升

🍲 调料

盐3克，鸡粉2克，料酒5毫升，水淀粉适量

🍴 做法

❶鲈鱼洗净切断鱼头、鱼尾，鱼身去鱼骨、鱼皮，鱼肉切丝。

❷油菜切粗丝；芹菜、葱段均洗净切丝；胡萝卜去皮切丝。

❸鸡蛋打入碗中，调匀成蛋液，入煎锅煎成蛋皮，盛出，切丝。

❹锅中注水烧开，放入盐、胡萝卜、油菜、芹菜，煮熟捞出。

❺碗中放入鱼肉丝、盐、料酒、鸡粉、水淀粉、葱丝，拌匀。

❻倒入焯过水的食材、蛋皮丝，做成数个肉丸。

❼将肉丸与鱼头、鱼尾一起放入蒸盘中，入蒸锅蒸熟后取出。

❽炒锅烧热，倒入高汤、盐、鸡粉、水淀粉拌匀，浇在菜上即可。

芝麻带鱼

▌烹饪时间：2分钟 ▌营养功效：降压降糖

原料

带鱼140克，熟芝麻20克，姜片、葱花各少许

调料

盐、鸡粉各3克，生粉7克，生抽、水淀粉、辣椒油、老抽、食用油各适量

制作指导：

炸带鱼时，要控制好时间和火候，以免炸焦。

❶ 将处理干净的带鱼鳍剪去，切成小块，装入碗中。

❷ 放入姜片、盐、鸡粉、生抽、生粉，拌匀腌渍。

❸ 热锅注油烧热，放入带鱼块，炸至带鱼呈金黄色，捞出。

❹ 锅底留油，放入清水、辣椒油、盐、鸡粉、生抽，拌匀煮沸。

❺ 放入水淀粉、老抽、带鱼块、葱花炒匀盛出，撒上熟芝麻即可。

① 用剪刀剪去基围虾头须和虾脚，切开虾背；红椒切丝。

② 热锅注油烧热，放入基围虾，炸至深红色，捞出。

③ 锅底留油，放入蒜末，倒入基围虾、红椒丝，炒匀。

④ 加入盐、鸡粉，炒匀调味，放入葱花，翻炒匀。

⑤ 关火后盛出炒好的基围虾即可。

✕ 做法

蒜香大虾

▌烹饪时间：1分30秒　▌营养功效：降低血脂

🌶 原料

基围虾230克，红椒30克，蒜末、葱花各少许

🍲 调料

盐2克，鸡粉2克，食用油适量

制作指导：

要掌握好火候，火过大蒜会焦，就会有苦味。

生汁炒虾球

▌烹饪时间：1分钟　▌营养功效：降压降糖

🌶 原料

虾仁130克，沙拉酱40克，炼乳40克，蛋黄1个，番茄30克，蒜末各少许

🍲 调料

盐3克，鸡粉2克，生粉、食用油各适量

🍴 做法

❶将洗好的番茄切瓣，去除表皮，切成粒；虾仁去除虾线。

❷虾仁中加入盐、鸡粉、蛋黄拌匀，滚上生粉，装入盘中。

❸沙拉酱装入小碗中，加入炼乳，搅拌均匀，制成调味汁。

❹热锅注油烧热，倒入虾仁，炸至其断生后捞出，沥干油。

❺用油起锅，倒入蒜末，爆香，放入番茄，翻炒香。

❻关火，放入炸好的虾仁。

❼再倒入备好的调味汁，快速翻炒一会儿，至食材入味。

❽盛出炒好的菜肴，装入盘中即成。

白玉百花脯

烹饪时间：6分钟 | 营养功效：美容养颜

🌶 原料

冬瓜350克，虾胶90克，油菜叶少许

🍲 调料

盐、鸡粉各3克，生粉6克，生抽4毫升，水淀粉、食用油各适量

🍴 做法

❶用模具在冬瓜上压出数个棋子块，在棋子块上挖小窝。

❷锅中注水烧开，加入盐、鸡粉，倒入冬瓜块，煮熟后捞出。

❸取一个干净的蒸盘，摆上冬瓜块，撒上生粉。

❹把虾胶逐一塞入到冬瓜块的小窝中，均匀抹平。

❺再盖上一小片洗净的上海青叶，制成冬瓜脯生坯。

❻蒸锅上火烧开，放入蒸盘，用大火蒸至食材熟软，取出。

❼炒锅注油烧热，倒入清水，加入盐、鸡粉、生抽，拌匀。

❽待汤汁沸腾后倒入水淀粉，拌匀成味汁，浇在冬瓜脯上即可。

❶鸡蛋打开，取蛋黄倒入碗中。

❷虾胶装入碗中，放入蒜末、蛋黄，抓匀，待用。

❸热锅注油烧热，关火，将虾胶挤成枣状，放入油锅中。

❹浸炸至虾枣成形，待虾枣浮在油面上，开火，搅匀。

❺将虾枣炸至微黄色，捞出，沥油，装入盘中即可。

蒜香虾枣

▊烹饪时间：3分30秒　　▊营养功效：降低血压

原料

虾胶100克，蒜末少许，鸡蛋1个

制作指导：

炸虾枣的时间不宜过长，否则会影响虾枣的口感和外观。

❶ 洗净的基围虾剪去头尾及虾脚，待用。

❷ 用油起锅，倒入蒜末、姜片、葱段，炒匀、爆香。

❸ 倒入基围虾，加入番茄酱、红酒，炒匀，至虾身弯曲。

❹ 加入白糖、盐，拌匀，烧开后用小火煮约10分钟，至食材完全入味。

❺ 用中火翻炒，至汤汁收浓，关火后盛出炒好的菜肴即成。

红酒茄汁虾

▮ 烹饪时间：12分30秒 ▮ 营养功效：保肝护肾

🌶 原料

基围虾450克，红酒200毫升，蒜末、姜片、葱段各少许

🍲 调料

盐2克，白糖少许，番茄酱、食用油各适量

制作指导：

修理虾身时，可沿其背部切开，这样菜肴的外形更美观。

咖喱海鲜南瓜盅

▌烹饪时间：6分钟 ▌营养功效：健脾止泻

🌶 原料

熟南瓜盅1个，去皮土豆200克，鱿鱼250克，洋葱80克，虾仁50克，咖喱块30克，椰浆100毫升，香叶、罗勒叶各少许

🍲 调料

盐2克，鸡粉3克，水淀粉、食用油各适量

🍴 做法

❶洗净的土豆切丁；洗好的洋葱切小块。

❷处理好的鱿鱼切开，刮去污渍，打上十字花刀，切小块。

❸洗净的虾仁横刀切开，但不切断，去掉虾线。

❹锅中注水烧开，倒入土豆，焯煮熟后捞出，装盘备用。

❺往锅中倒入鱿鱼、虾仁，焯煮片刻后捞出，装盘备用。

❻用油起锅，放入咖喱块，搅拌至融化，倒入洋葱、香叶。

❼倒入椰浆、土豆、虾仁、鱿鱼，加入盐、鸡粉，烹至入味。

❽加入水淀粉拌匀，将菜肴盛入熟南瓜盅中，放上罗勒叶即可。

做法

❶热锅注油，烧至七成热，倒入处理好的濑尿虾。

❷油炸约80秒至转色，关火，将炸好的虾沥干油。

❸用油起锅，倒入红椒粒、青椒粒、洋葱粒、葱白粒、沙茶酱，炒匀。

❹放入濑尿虾，翻炒至食材熟，加入鸡粉、料酒、生抽、耗油。

❺翻炒均匀，关火，盛出炒好的虾装入盘中即可。

沙茶炒濑尿虾

■ 烹饪时间：4分钟　■ 营养功效：增强免疫力

原料

濑尿虾400克，沙茶酱10克，红椒粒10克，洋葱粒、青椒粒、葱白粒各5克

调料

鸡粉2克，料酒、生抽、耗油、食用油各适量

制作指导：

沙茶酱可以多炒一会儿，以便使其味汁充分释放出来。

魔芋丝香辣蟹

▌烹饪时间：8分钟　▌营养功效：防癌抗癌

🌶 原料

魔芋丝280克，螃蟹500克，绿豆芽80克，花椒、干辣椒各15克，姜片、葱段各少许

🍲 调料

老干妈辣椒酱30克，盐2克，鸡粉2克，白糖3克，料酒8毫升，辣椒油5毫升，食用油适量

🍴 做法

❶洗净的螃蟹开壳，去除腮、心，斩成块儿，洗净待用。

❷热锅注油烧热，倒入花椒、姜片、葱段、干辣椒，炒香。

❸倒入老干妈辣椒酱、螃蟹，快速翻炒片刻，淋入料酒。

❹注入清水，倒入魔芋丝，翻炒片刻。

❺盖上锅盖，大火焖5分钟至熟，掀开锅盖，倒入豆芽。

❻加入少许盐、鸡粉，搅匀调味。

❼放入些许白糖、辣椒油，翻炒至绿豆芽熟透。

❽关火，将炒好的菜盛出装入盘中即可。

美味酱爆蟹

▌烹饪时间：4分钟　▌营养功效：增强免疫力

🌶 原料

螃蟹600克，干辣椒5克，葱段、姜片各少许

🍲 调料

黄豆酱15克，料酒8毫升，白糖2克，盐2克，食用油适量

🍴 做法

❶处理干净的螃蟹剥开壳，去除蟹腮，切成块。

❷热锅注油烧热，倒入姜片、黄豆酱、干辣椒，爆香。

❸倒入螃蟹，淋入少许料酒，炒匀去腥。

❹注入适量的清水，加入盐，快速炒匀。

❺盖上锅盖，大火焖3分钟。

❻掀开锅盖，倒入葱段，翻炒均匀。

❼加入些许白糖，持续翻炒片刻。

❽关火，将炒好的螃蟹盛出装入盘中。

豉汁鱿鱼筒

▌烹饪时间：2分钟　▌营养功效：增强免疫力

🌶 **原料**

鱿鱼200克，豆豉30克，白芝麻15克，西蓝花150克

🍲 **调料**

白糖3克，鸡粉2克，生抽5毫升，盐、食用油各少许

🍴 **做法**

❶洗净的西蓝花切成小朵。

❷锅中注水烧热，加入盐、鱿鱼，汆去腥味，捞出。

❸沸水锅中放入食用油、西蓝花，搅匀汆煮熟后捞出。

❹将汆好的鱿鱼切成圈，鱿鱼须切段。

❺将鱿鱼放入盘中，边上摆上西蓝花。

❻热锅注油烧热，倒入豆豉，加入生抽、清水，搅匀。

❼加入少许白糖、鸡粉，搅匀调味，制成味汁。

❽将调好的味汁浇在鱿鱼上，再撒上白芝麻即可。

油淋小鲍鱼

▌烹饪时间：8分钟 　▌营养功效：清热解毒

🌶 原料

鲍鱼120克，红椒10克，花椒4克，姜片、蒜末、葱花各少许

🍲 调料

盐2克，鸡粉1克，料酒、生抽、食用油各适量

🍴 做法

❶洗好的鲍鱼切上花刀；洗净的红椒去籽，切成小丁块。

❷锅中注水烧开，倒入料酒，放入鲍鱼肉和鲍鱼壳。

❸加入盐、鸡粉，拌匀，煮去腥味，捞出氽煮好的食材。

❹用油起锅，爆香姜片、蒜末，放入清水、生抽、盐、鸡粉。

❺倒入鲍鱼肉，拌匀，用中火煮沸，转小火煮3分钟至其入味。

❻关火，拣出壳，放入鲍鱼肉，摆放好，点缀上红椒、葱花。

❼另起锅，注入少许食用油烧热，放入花椒，爆香。

❽关火后将热油淋在鲍鱼肉上即可。

酒蒸蛤蜊

▍烹饪时间：5分钟　　▍营养功效：增强免疫力

原料

蛤蜊700克，清酒30毫升，干辣椒5克，黄油20克，葱段、蒜末各少许

调料

盐2克，生抽5毫升，食用油适量

制作指导：

蛤蜊可以提前浸泡在清水中，滴入几滴香油，这样可以使沙吐得更干净一些。

做法

❶用油起锅，倒入蒜末、干辣椒，爆香。

❷放入备好的蛤蜊，炒匀，倒入清酒，加入盐。

❸加盖，大火焖3分钟至熟，揭盖，放入黄油，炒匀。

❹加入生抽，放入葱段，拌匀使其入味。

❺关火后将焖好的蛤蜊盛入盘中即可。

❶洗净去皮的丝瓜切成段儿，用大号V型戳刀挖去瓜瓤。

❷咸蛋黄对半切开；丝瓜段放入蒸盘，丝瓜段上放入咸蛋黄。

❸蒸锅注水烧开，放入蒸盘，大火蒸20分钟至熟，取出。

❹热锅注水烧热，放入蜜枣、干贝、生抽、水淀粉，搅匀勾芡。

❺放入芝麻油，搅匀成芡汁，浇在丝瓜上，撒上葱花即可。

干贝咸蛋黄蒸丝瓜

烹饪时间：22分钟　　营养功效：清热解毒

原料

丝瓜200克，水发干贝30克，蜜枣2克，咸蛋黄4个，葱花少许

调料

生抽5毫升，水淀粉4毫升，芝麻油适量

制作指导：

泡发好的干贝可以压碎再烹制，更易熟，且口感会更好。

辣酒焖花螺

烹饪时间：22分钟 **营养功效：增强免疫力**

原料

花雕酒800毫升、花螺500克、青椒圈、红椒圈、干辣椒、花椒、香叶、草果、八角、沙姜、姜片、葱段、蒜末各少许

调料

鸡粉2克，蚝油3克，料酒4毫升，胡椒粉2克，豆瓣酱10克，食用油适量

做法

①锅中注水烧开，倒入洗好的花螺，淋入料酒，汆去腥味。

②将汆煮好的花螺捞出，沥干水分，装入盘中，备用。

③热锅注油，倒入姜片、蒜末、葱段，炒匀、爆香。

④放入干辣椒、花椒、香叶、草果、八角、沙姜、豆瓣酱。

⑤放入青椒圈、红椒圈，炒匀，加入花雕酒、花螺，拌匀。

⑥加入鸡粉、蚝油、胡椒粉，搅匀调味。

⑦盖上锅盖，用大火焖20分钟至食材熟透、入味。

⑧关火后揭开锅盖，拣出香料，将焖煮好的花螺盛入碗中。

参杞烧海参

▌ 烹饪时间：2分钟　▌ 营养功效：增强免疫力

🌶 原料

水发海参130克，油菜45克，竹笋40克，枸杞、党参、姜片、葱段各少许

🍲 调料

盐2克，鸡粉4克，蚝油5克，生抽5毫升，料酒7毫升，水淀粉、食用油各适量

🍴 做法

❶ 处理好的竹笋切片；油菜对半切开；洗好的海参切片。

❷ 锅中注水烧开，放入食用油、油菜、盐，搅匀，煮熟捞出。

❸ 将海参、竹笋倒入沸水中，放入料酒、鸡粉，煮熟后捞出食材。

❹ 用油起锅，爆香姜片、葱段，放入党参、海参、竹笋，炒匀。

❺ 淋入料酒，倒入清水，撒上枸杞，加入盐、鸡粉、蚝油，炒匀。

❻ 淋入少许生抽，炒匀，用大火煮至食材熟透。

❼ 加入少许水淀粉，快速翻炒片刻，至食材入味。

❽ 将焯过水的油菜摆入盘中，盛出炒好的海参，装入盘中即可。

鱼香茄子烧四季豆

■ 烹饪时间：8分钟　■ 营养功效：清热解毒

🌶 原料

茄子160克，四季豆120克，肉末65克，青椒20克，红椒、姜末、蒜末、葱花各少许

🍲 调料

鸡粉2克，生抽3毫升，料酒3毫升，陈醋7毫升，水淀粉、豆瓣酱、食用油各适量

🍴 做法

❶将洗净的青椒、红椒均去籽，切条形。

❷洗净的茄子切成条形；洗好的四季豆切成长段。

❸热锅注油烧热，倒入四季豆，炸软捞出；倒入茄子，炸软捞出。

❹另起锅，注入清水烧开，倒入茄子，煮熟后捞出。

❺用油起锅，倒入肉末，炒匀，放入姜末、蒜末，炒香。

❻加入豆瓣酱、青椒、红椒、清水，加入鸡粉、生抽、料酒。

❼倒入茄子、四季豆，翻炒均匀，用中小火焖5分钟至熟。

❽加入陈醋、水淀粉，炒匀，关火后盛出，撒上葱花即可。

酱焖茄子

▍烹饪时间：2分30秒　▍营养功效：清热解毒

🌶 原料

茄子180克，红椒15克，黄豆酱40克，姜片、蒜末、葱花各少许

🍲 调料

盐2克，鸡粉2克，白糖4克，蚝油15克，水淀粉5毫升，食用油适量

🍴 做法

❶洗净的茄子切成条，再切上花刀；洗好的红椒去籽，切块。

❷热锅注油烧热，放入茄子，炸至金黄色，捞出。

❸锅底留油，放入姜片、蒜末、红椒，炒匀、爆香。

❹加入黄豆酱，炒匀，倒入清水，放入茄子，翻炒片刻。

❺加入蚝油、鸡粉、盐，翻炒一会儿。

❻放入白糖，炒匀。

❼倒入少许水淀粉，快速翻炒均匀。

❽将炒好的茄子盛出，装入盘中，撒上葱花即可。

糖醋藕片

▌烹饪时间：2分钟　▌营养功效：清热解毒

🌶 原料
莲藕350克，葱花少许

🍲 调料
白糖20克，盐2克，白醋5毫升，番茄汁10毫升，水淀粉4克，食用油适量

制作指导：

白糖和白醋不宜加太多，以免菜肴过于酸甜，掩盖了藕片本身的脆甜口感。

🍴 做法

❶ 将洗净去皮的莲藕切成片。

❷ 锅中注水烧开，倒入白醋、藕片，焯熟后捞出。

❸ 用油起锅，注入清水，放入白糖、盐、白醋。

❹ 再加入番茄汁，拌匀，倒入水淀粉，炒匀勾芡。

❺ 放入藕片，拌炒匀，将炒好的藕片盛出，撒上葱花即可。

蒸藕夹

▌烹饪时间：22分钟 ▌营养功效：益气补血

🌶 原料

莲藕200克，瘦肉末100克，水发香菇25克，葱花3克，蛋清1个

🍲 调料

生抽、料酒各3毫升，蚝油3克，盐、鸡粉各2克，生粉适量

🍴 做法

❶洗净的莲藕切片，放入凉水中浸泡；香菇切碎。

❷取一碗，放入瘦肉末、香菇碎，加入料酒、生抽。

❸加入蛋清、蚝油、盐、鸡粉，用筷子搅拌均匀。

❹将藕片取出，沥干水分，沾上生粉，放入调好的肉末。

❺再取一片藕片，沾上生粉，放在肉末上面，夹紧。

❻取一盘，放入夹好的藕片，备用。

❼取电蒸锅，注入适量清水烧开，放入藕片，蒸20分钟。

❽取出蒸好的藕片，撒上葱花即可。

板栗腐竹煲

▋烹饪时间：7分钟 ▋营养功效：益气补血

🌶 原料

腐竹20克，香菇30克，板栗60克，青椒、红椒、芹菜、姜片、蒜末、葱段、葱花各少许

🍲 调料

盐、鸡粉各2克，水淀粉适量，白糖、番茄酱、生抽、食用油各适量

🍴 做法

❶ 洗净的芹菜切长段；洗好的青椒、红椒去籽，切小块。

❷ 洗好的香菇切成小块；洗净的板栗切去两端。

❸ 热锅注油烧热，倒入腐竹，炸至金黄色，捞出。

❹ 油锅中放入板栗，拌匀，炸干水分，捞出，沥干油。

❺ 锅留底油烧热，爆香姜片、蒜末、葱段，放入香菇。

❻ 放入清水、腐竹、板栗、生抽、盐、鸡粉、白糖、番茄酱。

❼ 烧开后用小火焖煮约4分钟，倒入青椒、红椒，炒至断生。

❽ 加水淀粉勾芡，撒上芹菜炒匀后盛入砂锅，煮沸，撒上葱花即可。

多彩豆腐

▌烹饪时间：7分30秒　▌营养功效：防癌抗癌

🌶 原料

豆腐300克，莴笋120克，胡萝卜100克，玉米粒80克，鲜香菇50克，蒜末、葱花各少许

🍲 调料

盐3克，鸡粉少许，蚝油6克，生抽7毫升，水淀粉、食用油各适量

🍴 做法

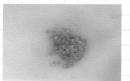

❶去皮洗净的莴笋切成小丁块；去皮洗净的胡萝卜切丁。

❷洗净的香菇切成丁块；洗净的豆腐切长方块。

❸锅中注水烧开，加入盐，放入胡萝卜丁、莴笋丁。

❹倒入玉米粒、香菇丁，焯煮至食材五六成熟，捞出。

❺煎锅注油烧热，放入豆腐块，撒上盐，煎至两面熟透，盛出。

❻用油起锅，爆香蒜末，倒入焯过水的材料，炒匀，注入清水。

❼煮沸后放入生抽、盐、鸡粉、蚝油、水淀粉炒匀成酱料。

❽取装有豆腐块的盘子，盛入酱料，最后撒上葱花即成。

铁板日本豆腐

▌烹饪时间：3分30秒　　▌营养功效：降低血压

🌶 **原料**

日本豆腐160克，肉末50克，洋葱丝40克，红椒、姜片、蒜末、葱段、香菜末各少许

🍲 **调料**

盐、鸡粉各2克，白糖3克，辣椒酱7克，老抽2毫升，料酒、生粉、水淀粉、食用油各适量

🍴 **做法**

①日本豆腐去除包装，切小段；洗净的红椒去籽，切小段。

②把日本豆腐装入盘中，撒上少许生粉。

③热锅注油烧热，放入日本豆腐，炸至其呈金黄色，捞出。

④锅底留油烧热，倒入姜片、蒜末、葱段，爆香。

⑤放入肉末，炒至变色，加入料酒、老抽、清水，炒匀。

⑥放入红椒、老抽、辣椒酱、盐、鸡粉、白糖，炒匀。

⑦待汤汁沸腾，倒入日本豆腐，放入水淀粉勾芡，关火。

⑧取预热的铁板，放上洋葱丝和锅中食材，撒上香菜末即可。

❶洗好的豆腐切成粗条；取一碗，打入鸡蛋，搅散。

❷锅中注水烧开，加入盐，倒入豆腐，焯煮熟后捞出。

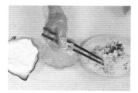

❸将豆腐粘上生粉、鸡蛋液、面包糠、黑芝麻，待用。

❹热锅注油烧热，放入豆腐，油炸约2分钟至金黄色。

❺将炸好的豆腐捞出，装入盘中，放上罗勒叶、番茄酱即可。

❌ 做法

炸金条

▌烹饪时间：4分钟　　▌营养功效：益气补血

🌶 原料

豆腐500克，鸡蛋2个，面包糠200克，生粉150克，黑芝麻5克，番茄酱10克，罗勒叶少量

🍲 调料

盐3克，食用油适量

制作指导：

豆腐加盐焯水不但能够去除豆腥味，还能使豆腐不容易碎。

香辣虾仁蒸南瓜

▌烹饪时间：12分钟　▌营养功效：降低血脂

🥬 原料

南瓜300克，虾仁90克，蒜蓉辣酱15克，子尖椒末、葱段、姜片、香菜各少许

🍲 调料

鸡粉2克，白糖3克，陈醋、辣椒油各5毫升，料酒、生抽、水淀粉、食用油各适量

🍴 做法

❶洗净的南瓜切成厚片；处理好的虾仁切成丁状。

❷南瓜摆入盘中，放入蒸锅中蒸熟，取出，倒出多余汁水。

❸另起锅注油，倒入姜片、葱段、爆香，放入虾仁，炒匀。

❹倒入子尖椒末、蒜蓉辣酱，炒匀，加入料酒、生抽、清水。

❺倒入白糖、鸡粉、陈醋、水淀粉，翻炒均匀至入味。

❻加入辣椒油，翻炒片刻至熟。

❼关火，将炒好的虾仁盛出装入碗中。

❽放在蒸好的南瓜上，用少许香菜做点缀即可。

茭白秋葵豆皮卷

▌烹饪时间：5分钟　▌营养功效：开胃消食

🌶 原料

豆皮160克，秋葵55克，火腿肠1根，茭白45克，脆炸粉、面包糠各适量

🍲 调料

盐2克，鸡粉少许，水淀粉、食用油各适量

🍴 做法

❶将洗净的豆皮切成长方块；洗好的秋葵切成粗丝。

❷火腿肠去除外包装，切成粗丝；去皮洗净的茭白切粗丝。

❸把脆炸粉装碗中，注入温水，拌匀，调成粉糊，待用。

❹用油起锅，倒入茭白丝、秋葵和火腿肠，炒匀，注入清水。

❺加入鸡粉、盐，炒匀，用水淀粉勾芡，制成酱菜。

❻豆皮铺开，盛入酱菜，卷成卷，用粉糊封口，制成生坯。

❼再依次滚上部分粉糊和面包糠，制成豆皮卷。

❽将豆皮卷放入油锅中，用小火炸至金黄色后捞出即成。

金桂飘香

▌烹饪时间：10分钟　▌营养功效：增强免疫力

🥢 原料

番茄110克，山药100克，蜂蜜25克，油菜30克，桂花4克

🍲 调料

水淀粉、食用油各适量

🍴 做法

❶将洗净的油菜去除叶子，留菜梗修成花瓣状。

❷锅中注水烧开，放入番茄，焯烫至其断生，捞出晾凉。

❸沸水锅中放入食用油、油菜，焯煮熟透后捞出油菜。

❹去皮的山药切薄片；番茄剥去表皮，切成末，装在碗中。

❺蒸锅中放入装有番茄末的碗，用中火蒸5分钟，取出。

❻将番茄末挤压出汁水，加入蜂蜜、桂花，制成番茄汁。

❼蒸盘中摆放好山药，放入蒸锅蒸熟透，取出，放上油菜。

❽用油起锅，倒入番茄汁、水淀粉，拌成味汁，淋在山药上即可。

红烧双菇

▎烹饪时间：3分钟 ▎营养功效：增强免疫力

🌶 原料

鸡腿菇65克，鲜香菇45克，油菜70克，姜片、蒜末、葱段各少许

🍲 调料

盐、鸡粉各2克，料酒3毫升，老抽2毫升，生抽3毫升，芝麻油、水淀粉、食用油各适量

🍴 做法

❶鸡腿菇洗净切片；香菇洗净切段；油菜洗净切小瓣。

❷锅中注水烧开，加入盐、鸡粉、食用油、油菜，煮熟捞出。

❸沸水锅中倒入鸡腿菇、香菇，拌匀，煮约半分钟，捞出。

❹用油起锅，倒入姜片、蒜末、葱段，炒匀、爆香。

❺放入鸡腿菇、香菇，淋入料酒，加入老抽、生抽，炒匀。

❻倒入清水，加入盐、鸡粉，炒匀，用大火略煮。

❼倒入水淀粉，淋入芝麻油，拌炒均匀，至食材入味。

❽取一个干净的盘子，摆入油菜，盛入锅中的食材即可。

酥脆杏鲍菇

▌烹饪时间：2分钟　▌营养功效：增强免疫力

🌶 原料

杏鲍菇40克，鸡蛋2个，面包糠30克，面粉20克

🍲 调料

盐2克，食用油适量

制作指导：

面糊不要挂太厚，以免影响口感。

❶洗净的杏鲍菇切厚片，再切成粗条。

❷将面粉装入碗中，打入鸡蛋，加入清水、盐。

❸倒入杏鲍菇，使其挂上面糊，再均匀地裹上面包糠。

❹锅中注油烧热，倒入杏鲍菇，搅散，炸至金黄色。

❺关火后将炸好的杏鲍菇捞出，沥干油，装入盘中即可。

鱼香白灵菇

▌烹饪时间：6分钟 ▌营养功效：增强免疫力

🌶 原料

白灵菇210克，瘦肉200克，去皮胡萝卜、水发木耳、豆瓣酱、姜末、蒜末、葱段各适量

🍲 调料

盐、白糖、鸡粉各2克，料酒、生抽、陈醋各5毫升，白胡椒粉、水淀粉、食用油各适量

🍴 做法

❶洗净的胡萝卜、木耳、瘦肉均切成丝；白灵菇洗净切粗条。

❷取一碗，放入瘦肉丝，加入盐、料酒、白胡椒粉、水淀粉。

❸用筷子搅拌均匀，注入适量食用油，拌匀，腌渍10分钟。

❹热锅注油烧热，倒入白灵菇条，油炸至金黄色，捞出。

❺用油起锅，倒入瘦肉丝，炒匀，加入蒜末、姜末，爆香。

❻放入豆瓣酱，倒入胡萝卜丝、木耳丝、白灵菇条，炒匀。

❼加入料酒、生抽、盐、白糖、鸡粉、陈醋，炒匀。

❽倒入葱段，注入清水，炒匀，关火后盛出炒好的菜肴即可。

鲜菇烩湘莲

▌烹饪时间：2分钟 ▌营养功效：防癌抗癌

🌶 原料

草菇100克，西蓝花150克，胡萝卜50克，水发莲子150克，姜片、葱段各少许

🍲 调料

料酒13毫升，盐4克，鸡粉4克，生抽4毫升，蚝油10克，水淀粉5毫升，食用油适量

🍴 做法

①西蓝花洗净切小块；草菇洗净切十字花刀；胡萝卜去皮切片。

②锅中注水烧开，淋入食用油，放入盐、鸡粉、料酒、草菇。

③加入洗净的莲子，搅拌匀，煮1分钟至其断生，捞出。

④将西蓝花倒入沸水锅中，煮至断生后捞出，沥干水分。

⑤用油起锅，爆香姜片、葱段，倒入胡萝卜片，翻炒均匀

⑥倒入草菇和莲子，淋入料酒，放入生抽、盐、鸡粉，炒匀。

⑦加入清水，翻炒片刻，放入蚝油，淋入水淀粉，炒匀。

⑧关火后盛出炒好的食材，放在西蓝花上即可。

五宝蔬菜

烹饪时间：2分钟 ┃ 营养功效：保护视力

 原料

油菜170克，草菇50克，水发木耳100克，口蘑45克，胡萝卜75克

调料

盐3克，鸡粉2克，胡椒粉、水淀粉、食用油各适量

✕ **做法**

❶将洗净的油菜切除根部；洗好的口蘑切成片。

❷洗净的草菇切片；洗好去皮的胡萝卜切薄片。

❸锅中注水烧开，加入盐、食用油、油菜，焯熟后捞出。

❹沸水锅中再倒入草菇片、口蘑片，拌匀，煮约1分钟。

❺倒入胡萝卜片、木耳，拌匀，煮至全部食材断生后捞出。

❻炒锅置于火上，倒入清水烧热，放入焯过水的食材。

❼加入盐、鸡粉、胡椒粉、水淀粉炒匀，关火后待用。

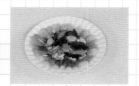

❽盘子中放入油菜，摆放整齐，再盛入锅中菜肴即成。

❶ 将洗净的香菇切细丁；去皮洗好的莴笋切细丝。

❷ 用油起锅，倒入肉末、料酒、姜片、蒜末、葱段，炒匀。

❸ 放入香菇丁、清水、生抽、盐、鸡粉，炒匀成酱菜，盛出。

❹ 用油起锅，倒入莴笋丝，加入盐、鸡粉，炒匀，关火后盛出。

杂酱莴笋丝

▌烹饪时间：4分钟 ▌营养功效：补钙

🌶️ **原料**

莴笋120克，肉末65克，水发香菇45克，熟蛋黄25克，姜片、蒜末、葱段各少许

🍲 **调料**

盐3克，鸡粉少许，料酒3毫升，生抽4毫升，食用油适量

制作指导：

莴笋丝口感清脆，宜用大火快炒，这样能避免将其炒老了。

❺ 将莴笋丝装在盘中摆好，盛入酱菜，点缀上熟蛋黄即成。

❌ 做法

①泡好的粉丝切段；将洗好的娃娃菜切成粗条。

②将娃娃菜摆放在盘的四周，放上切好的粉丝。

③蒸锅注水烧开，放上装有食材的盘子，蒸熟后取出。

④用油起锅，爆香蒜末，加入生抽、红彩椒粒、盐、鸡粉，炒匀。

⑤关火后盛出蒜蓉汤汁，浇在娃娃菜上，撒上葱花即可。

蒜蓉蒸娃娃菜

▎烹饪时间：19分钟　▎营养功效：补锌

🌶 原料

娃娃菜350克，水发粉丝200克，红彩椒粒、蒜末各15克，葱花少许

🍲 调料

盐、鸡粉各1克，生抽5毫升，食用油适量

制作指导：

事先可在娃娃菜上用牙签扎几个小孔，以便娃娃菜入味。

龙须四素

■ 烹饪时间：3分30秒　■ 营养功效：增强免疫力

🌶 原料

南瓜藤80克，油菜100克，鲜香菇55克，
番茄80克，腐竹50克

🍲 调料

盐4克，鸡粉2克，蚝油10克，生抽8毫升，
水淀粉10毫升，食用油适量

🍴 做法

❶择洗干净的南瓜藤切成段；洗好的油菜切成瓣。

❷洗净的番茄切成块；洗好的香菇去蒂，切成块。

❸锅中注水烧开，放入盐、香菇、食用油，煮1分钟。

❹放入腐竹，倒入油菜、南瓜藤，煮至食材熟透后捞出。

❺把番茄摆放在盘子的周边，在中间摆上煮好的食材。

❻锅中倒入清水，加入生抽、盐、鸡粉、蚝油，拌匀煮沸。

❼倒入水淀粉，翻炒均匀，制成芡汁。

❽把芡汁均匀地浇在食材上即可。

草菇西蓝花

▎烹饪时间：1分30秒　▎营养功效：防癌抗癌

🌶 **原料**

草菇90克，西蓝花200克，胡萝卜片、姜末、蒜末、葱段各少许

🍲 **调料**

料酒8毫升，蚝油8克，盐2克，鸡粉2克，水淀粉、食用油各适量

🍴 **做法**

❶洗净的草菇切成小块；洗好的西蓝花切成小朵。

❷锅中注水烧开，加入食用油、西蓝花，煮熟后捞出。

❸把草菇倒入沸水锅中，煮熟后捞出，沥干水分，备用。

❹用油起锅，放入胡萝卜片、姜末、蒜末、葱段，爆香。

❺倒入焯好的草菇，淋入适量料酒，翻炒片刻。

❻加入蚝油、盐、鸡粉，炒匀调味。

❼淋入清水，炒匀，倒入水淀粉，快速翻炒均匀。

❽将焯煮好的西蓝花摆入盘中，盛入炒好的草菇即可。

PART 4
饭店必点：
经典招牌大菜

饭店中的许多经典招牌菜不但美味，还承载着一些难以言喻的情怀。让客人在家也能品尝到饭店水准的经典美味，应该是很多人的愿望。这一章我们将饭店的招牌大菜搬回家，让您的宾客能充分体会美食的乐趣。步骤简单不烦琐在家就能轻松烹饪的饭店经典菜品，一定会让您的客人离去后还赞不绝口。

口味茄子煲

烹饪时间：5分钟 ▏营养功效：清热解毒

🌶 原料

茄子200克，大葱70克，朝天椒25克，肉末80克，姜片、蒜末、葱段、葱花各少许

🍲 调料

盐、鸡粉各2克，老抽、生抽、辣椒油、水淀粉、豆瓣酱、辣椒酱、椒盐粉、食用油各适量

🍴 做法

❶洗净去皮的茄子切条；洗好的大葱切段；洗净的朝天椒切圈。

❷热锅中注油烧热，放入茄子拌匀，炸至金黄色捞出，沥干油。

❸锅底留油，放入肉末，炒散，加入适量生抽，炒匀。

❹倒入朝天椒、葱段、蒜末、姜片，翻炒均匀。

❺放入切好的大葱段，炒匀，倒入茄子，注入适量清水。

❻放入豆瓣酱、辣椒酱、辣椒油、椒盐粉，炒匀。

❼加入适量老抽、盐、鸡粉，炒匀，倒入水淀粉勾芡。

❽盛出后放入砂锅中烧热，关火后放上葱花即可。

百财福袋

▌烹饪时间：23分钟　▌营养功效：清热解毒

🌶 原料

包菜叶70克，胡萝卜50克，鲜香菇30克，韭菜40克，虾仁25克，肉末90克，葱花、姜末、蒜末各少许

🍲 调料

盐3克，鸡粉2克，生抽3毫升，料酒4毫升，水淀粉适量

🍴 做法

❶洗净的香菇、去皮洗净的胡萝卜均切丁；洗好的虾仁切成泥。

❷沸水锅中放入韭菜，煮软捞出；再倒入包菜叶、盐，煮熟捞出。

❸取一碗，倒入肉末、虾泥、香菇、胡萝卜、葱花、姜末、蒜末。

❹放入盐、鸡粉、生抽、料酒、水淀粉拌匀，制成馅料。

❺将包菜叶铺开，盛入馅料，卷起，用韭菜系紧，放入蒸盘。

❻蒸锅上火烧开，放入蒸盘，用中火蒸约20分钟后取出。

❼炒锅中注水烧热，加入盐、鸡粉、水淀粉拌匀，制成味汁。

❽关火后盛出味汁，浇在蒸盘中即成。

粉蒸藕盒

▌烹饪时间：30分钟 ▌营养功效：增强免疫力

🌶 原料
莲藕250克，肉馅300克，蒸肉米粉15克，葱花、姜末、蒜末各少许

🍲 调料
盐2克，鸡粉2克，料酒5毫升，生粉10克，胡椒粉适量

🍴 做法

❶洗净去皮的莲藕切成片。

❷肉馅碗内放入盐、鸡粉、料酒、生粉。

❸倒入蒜末、姜末、葱花、清水、胡椒粉，搅拌匀至起浆。

❹取一片藕片，放入适量肉馅铺平。

❺再放上一片藕片，上下两片藕片将肉馅夹紧，制成藕盒。

❻将食材依次制成藕盒，平放入盘中，洒上蒸肉米粉，待用。

❼蒸锅注水烧开，放入藕盒盘，盖上锅盖，大火蒸30分至熟。

❽掀开锅盖，取出藕盒，摆入装饰好的盘中，撒上葱花即可。

❶将洗净去皮的红薯切丁；洗净的莲子去掉莲子芯。

❷热锅注油烧至四五成热，放入红薯块，搅拌，炸约1分钟。

❸加入莲子，搅拌，再炸约半分钟，捞出，沥干油分。

❹锅中注水，放入白糖，中火煮至融化，熬煮成色泽微黄的糖浆。

❺倒入红薯和莲子，翻炒均匀，盛出装盘，拔出丝即可。

拔丝红薯莲子

▌烹饪时间：3分钟 ▌营养功效：增强免疫力

🌶 原料

红薯150克，水发莲子90克

🍲 调料

白糖35克，食用油适量

制作指导：

装盘后，要趁热用筷子夹起红薯块，才会有拔丝的效果。

锅塌豆腐

▌烹饪时间：6分钟　▌营养功效：益气补血

🌶 原料

豆腐300克，肉末馅160克，豌豆85克，水发香菇100克，胡萝卜65克，蛋液55毫升，高汤150毫升，葱花少许

🍲 调料

盐、鸡粉各2克，蚝油5克，生粉、水淀粉、食用油各适量

🍴 做法

❶去皮洗净的胡萝卜、香菇均切丁；洗净的豆腐切厚片。

❷豆腐片内盛入肉末馅，夹紧，滚上蛋液和生粉成豆腐盒生坯。

❸煎锅置火上，注油烧热，放入生坯，煎至两面金黄。

❹注入部分高汤，略煮，关火后盛出材料，装在盘中。

❺另起锅，注入少许食用油，烧热，倒入香菇丁，炒匀。

❻放入胡萝卜丁和洗净的豌豆，炒出香味，注入余下高汤。

❼加入少许盐、蚝油、鸡粉，拌匀调味，大火略煮。

❽用水淀粉勾芡后盛出，浇在煎熟的豆腐盒上，撒上葱花即可。

① 洗好的豆腐切成块，入油锅，炸黄捞出，沥干油。

② 锅底留油，爆香辣椒粉、蒜末，放入豆瓣酱、清水，炒匀煮沸。

③ 加入生抽、鸡粉、盐、豆腐，煮沸后再煮1分钟。

④ 倒入水淀粉，炒匀；取烧热的铁板，淋入食用油，摆上葱段。

⑤ 盛出炒好的豆腐，装入铁板上，撒上葱花即可。

香辣铁板豆腐

▌烹饪时间：3分钟　　▌营养功效：防癌抗癌

🌶 原料

豆腐500克，辣椒粉15克，蒜末、葱花、葱段各适量

🍲 调料

盐2克，鸡粉3克，豆瓣酱15克，生抽5毫升，水淀粉10毫升，食用油适量

制作指导：

在铁板上也可以淋入热油，这样菜肴会更香。

做法

❶将日本豆腐切段，去除外包装，再切成小块。

❷把豆腐块装入蒸碗中，铺平摆好，撒上洗净的枸杞。

❸蒸锅上火烧开，放入蒸碗，用大火蒸10分钟后取出。

❹锅置旺火上，注入高汤，加入盐、鸡粉，大火煮沸。

❺用水淀粉勾芡，调成芡汁，浇在蒸碗中，点缀上葱花即可。

贵妃豆腐

■ 烹饪时间：13分30秒　■ 营养功效：养颜美容

🌶️ 原料

日本豆腐220克，枸杞15克，葱花少许，高汤100毫升

🍲 调料

盐少许，鸡粉2克，水淀粉适量

制作指导：

调芡汁时可滴上少许花生油，口感会更香醇。

蒜泥白肉

烹饪时间：42分钟　　**营养功效：增强免疫力**

原料

净五花肉300克，蒜泥30克，葱条、姜片、葱花各适量

调料

盐3克，味精、辣椒油、酱油、芝麻油、花椒油、料酒各少许

做法

①锅中注入适量清水烧热，放入五花肉、葱条、姜片。

②淋上少许料酒。

③盖上盖，用大火煮20分钟至材料熟透。

④关火，在原汁中浸泡20分钟。

⑤把蒜泥放入碗中，倒入盐、味精、辣椒油，拌匀。

⑥再倒入酱油、芝麻油、花椒油，拌匀，制成味汁。

⑦取出煮好的五花肉，切成薄片，摆入盘中码好。

⑧浇入拌好的味汁，撒上葱花即成。

京酱肉丝

▍烹饪时间：1分30秒 ▍营养功效：增强免疫力

🌶 原料

猪里脊肉230克，黄瓜120克，蛋清20克，葱丝、姜丝各少许

🍲 调料

鸡粉3克，盐3克，甜面酱30克，生抽8毫升，料酒6毫升，水淀粉4毫升，生粉、食用油各适量

🍴 做法

❶洗净的黄瓜切成细丝；洗好的猪里脊肉切成丝。

❷将肉丝装入碗，加入生抽、料酒、蛋清、生粉，腌渍片刻。

❸取一盘，放入葱丝，铺上黄瓜待用。

❹热锅注油烧热，倒入肉丝，滑油至变色，捞出，沥干油。

❺用油起锅，倒入姜丝，爆香，加入甜面酱、盐、鸡粉、生抽。

❻再加入少许料酒、水淀粉，翻炒均匀。

❼倒入肉丝，翻炒片刻，使其味道均匀。

❽关火后盛出肉丝，放在黄瓜丝上，摆好盘即可。

香芋粉蒸肉

| 烹饪时间：25分钟　| 营养功效：清热解毒

🌶 **原料**

香芋230克，五花肉380克，干辣椒段10克，蒸肉米粉90克，葱花、蒜泥各少许

🍲 **调料**

料酒4毫升，生抽5毫升，盐2克，鸡粉2克

🍴 **做法**

❶洗净去皮的香芋对切开，切成片。

❷处理好的五花肉切成片，摆入碗中。

❸在五花肉内加入料酒、生抽、盐、鸡粉，拌匀。

❹倒入蒜泥、蒸肉米粉、干辣椒段，搅拌匀，待用。

❺取一个盘子，平铺上香芋片，倒入拌好的五花肉。

❻蒸锅注水烧开，放入食材。

❼盖上锅盖，大火蒸25分钟至熟透。

❽掀开锅盖，将菜取出，撒上备好的葱花，即可食用。

做法

❶ 洗净的香芋切片；洗好的五花肉切片。

❷ 热锅注油烧热，放入香芋，炸出香味，捞出，沥干油。

❸ 锅留底油，加入五花肉，放入蒜末、香芋、蒸肉粉，炒匀。

❹ 加入适量盐、鸡粉、剩余的蒸肉粉，炒匀盛出，装入盘中。

❺ 将食材放入蒸锅，蒸3小时后取出，撒上葱花，淋上热油即可。

湖南夫子肉

■ 烹饪时间：185分钟　　■ 营养功效：清热解毒

🌶 原料

香芋400克，五花肉350克，蒜末、葱花各少许

🍲 调料

盐、鸡粉各3克，蒸肉粉80克，食用油适量

制作指导：

炸香芋时宜用小火，而且时间不宜过长，以免炸煳。

咕噜肉

烹饪时间：2分钟 | 营养功效：益气补血

原料

菠萝肉150克，五花肉200克，鸡蛋1个，青椒、红椒各15克，葱白少许

调料

盐3克，白糖12克，生粉3克，番茄酱20克，白醋10毫升，食用油适量

做法

❶洗净的红椒、青椒去籽切片；菠萝肉切块；洗净的五花肉切块。

❷鸡蛋去蛋清，取蛋黄，盛入碗中。

❸沸水锅中倒入五花肉，汆至转色捞出。

❹五花肉加白糖、盐、蛋黄，拌匀，裹上生粉，装盘。

❺热锅注油烧热，放入五花肉，炸2分钟，捞出。

❻用油起锅，倒入葱白爆香，放入青椒片、红椒片、菠萝肉炒匀。

❼加入白糖、番茄酱、五花肉炒匀。

❽加入适量白醋，拌炒匀至入味，盛出装盘即可。

金城宝塔

▍烹饪时间：138分钟　　▍营养功效：提神健脑

🌶 原料

西蓝花300克，芽菜60克，熟五花肉300克

🍲 调料

盐、味精、蚝油、老抽、糖色、水淀粉、高汤、食用油各适量

🍴 做法

①西蓝花切朵；锅中放入高汤、五花肉，煮沸后捞出，用老抽拌匀。

②热锅注油烧热，放入五花肉，肉皮朝下，炸黄，捞出。

③锅中加高汤烧开，加盐、老抽、五花肉，煮10分钟，取出。

④将五花肉修成方形，切滚刀片，将肉片卷起，填入芽菜，装盘。

⑤转至蒸锅，加入少许汤汁，加盖后用小火蒸2小时后取出。

⑥锅中加清水烧开，加食用油、盐、西蓝花，煮熟捞出，作围边。

⑦用油起锅，加高汤、盐、味精、蚝油、老抽、糖色、水淀粉拌匀。

⑧将芡汁浇在肉上，装好盘即成。

东坡肉

烹饪时间：37分钟　　营养功效：增强免疫力

原料

五花肉1000克，大葱30克，生菜叶20克

调料

盐2克，冰糖、红糖、老抽、食用油各适量

做法

❶锅中注水，放入五花肉，煮2分钟后在五花肉上扎孔，再煮1分钟。

❷将五花肉捞出，抹上老抽上色。

❸热锅注油烧热，放入五花肉，炸片刻，捞出。

❹将五花肉切成长方形的小方块，装盘；洗净的大葱切段，装碟。

❺锅底留油，加冰糖、清水、红糖、老抽、大葱，煮1分钟。

❻加入盐、切好的肉块，加盖小火焖约30分钟。

❼揭盖，烧煮约4分钟，拌炒收汁。

❽将洗净的生菜叶垫于盘底，将东坡肉夹入盘中，浇上汤汁即成。

做法

❶洗净的土豆切滚刀块；洗好的胡萝卜切滚刀块；熟猪肉切块。

❷用油起锅，倒入八角、桂皮、姜片，爆香，放入土豆块、胡萝卜块、猪肉块，炒匀。

❸加入料酒、生抽、老抽、清水、盐、白糖，煮30分钟。

❹倒入黑蒜、鸡粉、水淀粉，拌匀。

❺放入葱段，拌匀，盛出烧好的菜肴，装入碗中即可。

黑蒜红烧肉

烹饪时间：33分钟 ┃ 营养功效：益智健脑

原料

熟猪肉600克，黑蒜、去皮土豆、去皮胡萝卜、桂皮、八角、姜片、葱段各适量

调料

盐、白糖各2克，鸡粉3克，料酒、生抽、老抽各5毫升，水淀粉、食用油各适量

制作指导：

切好的土豆要立即放入凉水中浸泡，以防氧化变黑。

芋头扣肉

▌烹饪时间：84分钟　▌营养功效：开胃消食

🌶 原料

五花肉550克，芋头200克，蜂蜜10克，
八角、草果、桂皮、葱段、姜片各少许

🍲 调料

盐3克，鸡粉少许，蚝油7克，生抽4毫升，料酒
8毫升，老抽20毫升，水淀粉、食用油各适量

🍴 做法

❶锅中注水烧热，放
入五花肉、料酒，汆
熟后捞出。

❷五花肉放凉后抹上
老抽，淋上蜂蜜，腌
渍片刻。

❸去皮的芋头切片；
将五花肉放入油锅中
炸至色泽亮丽，捞出。

❹油锅中放入芋头
片，炸熟后捞出；放
凉的五花肉切片。

❺用油起锅，爆香姜
片、葱段，放入八角、
草果、桂皮、肉片。

❻放入料酒、清水、蚝
油、盐、鸡粉、生抽、
老抽拌匀，煮熟盛出。

❼蒸碗中放入肉片和
芋头片，浇肉汤汁，蒸
熟取出，扣在盘中。

❽沥出汁水，放入锅中
加热，加入老抽、水淀
粉炒匀后浇在盘中。

扬州狮子头

▌烹饪时间：61分钟 ▌营养功效：增强免疫力

🌶 原料

猪里脊肉220克，猪肥肉120克，鸡蛋1个，马蹄肉、白菜叶、蒜末、姜末、葱末各适量

🍲 调料

盐3克，鸡粉2克，蚝油6克，料酒9毫升，生抽8毫升，老抽2毫升，生粉、食用油各适量

🍴 做法

❶将洗净的猪肥肉和猪里脊肉均剁成肉末；马蹄肉切成末。

❷把肉末装入碗中，加入马蹄末、鸡蛋、蒜末、姜末、葱末。

❸放入生粉，拌至材料起劲，加入盐、蚝油、生抽，拌匀。

❹把拌好的材料做成数个大肉丸，放入油锅中，拌匀。

❺用中小火炸4分钟，至食材熟透，呈金黄色，捞出，沥干油。

❻砂锅中注水烧开，放入洗净的白菜叶、炸好的肉丸。

❼加入盐、鸡粉、料酒、生抽、老抽，拌匀，烧开后炖煮1小时。

❽关火后揭盖，盛出炖煮好的菜肴，装入盘中即成。

环玉狮子头

▌烹饪时间：13分钟　▌营养功效：养心润肺

🌶 原料

猪肉130克，日本豆腐100克，莲藕110克，青豆、枸杞各少许

🍲 调料

盐3克，鸡粉2克，蚝油5克，生抽3毫升，水淀粉、食用油各适量

🍴 做法

❶去皮洗净的莲藕剁成末；猪肉洗净切片；日本豆腐切小块。

❷取榨汁机，选择绞肉功能，放入猪肉，搅拌成肉泥，装碗。

❸碗中加入盐、鸡粉、水淀粉、莲藕，拌匀，制成狮子头生坯。

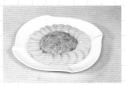

❹蒸盘中摆上豆腐块，放入狮子头生坯，点缀上洗净的青豆。

❺蒸锅上火烧开，放入蒸盘，用中火蒸至全部食材熟透，取出。

❻用油起锅，注入清水，加入盐、鸡粉、生抽、蚝油、拌匀。

❼待汤汁沸腾后放入水淀粉，拌匀，制成稠汁。

❽关火后盛出稠汁，浇在狮子头上，撒上洗净的枸杞即成。

🍴 做法

❶洗净的排骨斩成小块，装入碗中，加入盐、米醋、白糖。

❷再倒入少许料酒、生抽，抓匀，腌渍片刻至入味。

❸热锅注油烧热，放入排骨，炸至表面呈金黄色，捞出。

❹锅底留油，爆香姜片、葱结、八角、桂皮，加入清水、排骨。

❺加入红曲米、盐、白糖，拌炒均匀，焖煮至材料熟透即成。

无锡肉骨头

▌烹饪时间：22分钟　　▌营养功效：增强免疫力

🌶 原料

排骨500克，姜片15克，葱结、红曲米、八角、桂皮各少许

🍲 调料

料酒4毫升，生抽4毫升，盐、米醋、白糖、食用油各适量

制作指导：

腌好的排骨入油锅炸制的时间不能太久，否则排骨的外表炸的太干，口感欠佳。

蒜香椒盐排骨

| 烹饪时间：3分钟 | 营养功效：益智健脑

🥬 原料

排骨段500克，鸡蛋1个，蒜末少许，面包糠150克，葱花少许

🍲 调料

大豆油适量，盐2克，鸡粉2克，料酒3毫升，味椒盐2克，水淀粉7毫升，胡椒粉少许

🍴 做法

❶把排骨装入碗中，放盐、料酒、鸡粉、胡椒粉，拌匀。

❷再加水淀粉，拌匀，腌渍15分钟。

❸将鸡蛋打入碗中，搅散成蛋液。

❹排骨蘸上蛋液，再裹上面包糠。

❺锅中倒入大豆油烧热，放入排骨，炸至金黄色，捞出。

❻锅中倒入少许大豆油，烧热后放入蒜末，爆香。

❼放入味椒盐，倒入排骨，翻炒匀。

❽加入葱花，翻炒均匀，将排骨盛出装盘即可。

招财猪手

┃烹饪时间：43分钟 ┃营养功效：增强免疫力

 原料

猪蹄块1000克，上海青100克，八角、桂皮、红曲米、葱条、姜片、香菜各少许

🍲 调料

盐5克，鸡粉3克，白糖20克，老抽5毫升，生抽10毫升，料酒20毫升、水淀粉、食用油各适量

🍴 做法

❶将洗净的上海青修饰整齐，对半切开。

❷锅中注水烧热，放入猪蹄块、料酒，汆去血渍，捞出。

❸另起锅注水烧开，放入食用油、盐、上海青，焯熟后捞出。

❹用油起锅，爆香姜片和葱条，撒上白糖，翻炒至融化。

❺放入猪蹄块、八角、桂皮、红曲米、料酒、老抽、生抽。

❻加入盐、鸡粉炒匀，注入清水，烧开后用小火焖熟透。

❼用水淀粉勾芡，炒匀盛出，装在碗中，倒扣在盘子中。

❽用焯熟的上海青围边，点缀上洗净的香菜即成。

❶洗净的青椒、红椒均去籽，切小块；洗净的牛肉切成片。

❷牛肉片中加盐、鸡粉、食粉、生抽、水淀粉、食用油拌匀。

❸热锅注油烧热，倒入牛肉片，滑油至变色，捞出，沥干油。

❹锅底留油，爆香姜片、蒜末、葱段，放入青椒、红椒，炒匀。

❺放入牛肉、孜然粉、盐、鸡粉、生抽、水淀粉炒匀，盛出即可。

双椒孜然爆牛肉

▌烹饪时间：2分钟　　▌营养功效：降低血压

🌶 原料

牛肉250克，青椒60克，红椒45克，姜片、蒜末、葱段各少许

🍲 调料

盐、鸡粉各3克，食粉、生抽、水淀粉、孜然粉、食用油各适量

制作指导：

在切辣椒时，先将刀在冷水中蘸一下再切，就不会辣眼睛。

水煮牛肉

▎烹饪时间：5分钟　　▎营养功效：保肝护肾

🌶 **原料**

牛肉500克，豆芽、莴笋各50克，蒜末、姜片、红辣椒段、花椒、葱花各少许

🍲 **调料**

盐、味精、醪糟汁、水淀粉、高汤、豆瓣酱、白糖、蚝油、老抽、辣椒粉、花椒粉、辣椒油、食用油各适量

🍴 **做法**

❶洗净的牛肉切成薄片；洗净的莴笋切成片状。

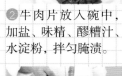

❷牛肉片放入碗中，加盐、味精、醪糟汁、水淀粉，拌匀腌渍。

❸锅中注油烧热，放入姜片、红辣椒段、花椒、豆瓣酱炒匀。

❹注入高汤，加盐、味精、白糖、蚝油、老抽，拌煮至沸。

❺拣出姜片、红辣椒段、花椒，放入豆芽、莴笋，煮熟捞出，装碗。

❻再把牛肉倒入锅中，煮至熟透。

❼用水淀粉勾芡，盛入碗中；碗中撒入蒜末、辣椒粉。

❽撒入花椒粉、葱花，再浇入烧热的辣椒油即可。

山楂菠萝炒牛肉

烹饪时间：2分30秒 | 营养功效：益气补血

🌶 原料

牛肉片200克，水发山楂片25克，菠萝600克，圆椒少许

🍲 调料

番茄酱30克，盐3克，鸡粉2克，食粉少许，料酒6毫升，水淀粉、食用油各适量

🍴 做法

❶ 把牛肉片装入碗中，加入盐、料酒、食粉，拌匀。

❷ 再倒入水淀粉，拌匀，淋入食用油，腌渍20分钟。

❸ 将洗净的圆椒切成小块；洗好的菠萝对半切开。

❹ 取一半挖空果肉，制成菠萝盅，再把菠萝肉切小块。

❺ 热锅注油烧热，倒入牛肉、圆椒，炸出香味，捞出。

❻ 锅底留油烧热，倒入山楂片、菠萝肉，挤入番茄酱。

❼ 倒入牛肉、圆椒，淋入料酒，加入盐、鸡粉、水淀粉。

❽ 用中火炒匀，关火后盛出炒好的菜肴，装入菠萝盅即成。

✕ 做法

① 熟牛腩切成小块；洗净的蒜头切成片。

② 热油起锅，倒入草果、八角、山楂干、蒜片、姜片，炒香。

③ 放入干辣椒、冰糖、牛腩、料酒、豆瓣酱、陈醋，炒匀。

④ 倒入清水，加入盐、鸡粉、辣椒油，炒匀，小火焖熟透。

⑤ 倒入水淀粉炒匀，将锅中食材装入砂煲中，烧热，撒上葱段即可。

香辣牛腩煲

▋烹饪时间：17分钟 ▋营养功效：益智健脑

🌶 原料

熟牛腩200克，姜片、葱段、干辣椒、山楂干、冰糖、蒜头、草果、八角各适量

🍲 调料

盐、鸡粉各2克，料酒、辣椒油、豆瓣酱、陈醋、水淀粉、食用油各适量

制作指导：

加入豆瓣酱后，要用小火慢炒才能炒出红油，而且香味会更足。

香锅牛百叶

▌烹饪时间：5分钟　▌营养功效：增强免疫力

🌶 原料

牛百叶250克，水发腐竹100克，水发笋干、香菜、朝天椒、干辣椒、花椒、豆瓣酱、葱段、姜片各适量

🍲 调料

盐、鸡粉各1克，生抽、料酒各5毫升，芝麻油、辣椒油各10毫升，食用油适量

🍴 做法

❶泡好的腐竹切段；泡好的笋干切块。

❷洗净的牛百叶切块；洗好的朝天椒切成圈。

❸沸水锅中倒入笋干，焯煮至去除异味，捞出。

❹续倒入牛百叶，余煮一会儿至去除腥味，捞出。

❺另起锅注油，爆香姜片，放入豆瓣酱、花椒、朝天椒拌匀。

❻加入料酒、生抽、清水、笋干、腐竹拌匀，煮至熟软。

❼加入盐、鸡粉、牛百叶、香菜、芝麻油拌匀，盛出。

❽放上葱段、花椒、干辣椒，浇上烧热的辣椒油，放上香菜即可。

卤水拼盘

| 烹饪时间：68分钟 | 营养功效：益气补血

🌶️ 原料

鸭肉500克，猪耳、猪肚各400克，老豆腐380克，牛肉350克，鸭胗300克，熟鸡蛋、姜片、葱条、香叶、草果、沙姜、芫荽子、红曲米、花椒、八角、桂皮各适量

🍲 调料

盐20克，鸡粉15克，白糖30克，老抽10毫升，生抽20毫升，食用油适量

🍴 做法

❶锅中注水烧热，放入牛肉、鸭胗、猪耳、猪肚和鸭肉。

❷煮沸后淋入料酒，拌匀，汆去血渍以及杂质，捞出材料。

❸热锅注油烧热，放入老豆腐，炸至色泽金黄后捞出。

❹取隔渣袋，装入香叶、草果、沙姜、芫荽子、红曲米

❺放入花椒、八角和桂皮，制成香袋，放入沸水锅中。

❻加入盐、鸡粉、白糖、生抽、老抽、姜片、葱条、汆过水的食材。

❼倒入熟鸡蛋和老豆腐，卤至食材入味。

❽捞出食材，放凉后均切成片状，摆在盘中，浇上卤汁即成。

宫保鸡丁

▌烹饪时间：4分钟 ▌营养功效：增强免疫力

🌶 原料

鸡胸肉300克，黄瓜80克，花生50克，干辣椒7克，蒜头10克，姜片少许

🍲 调料

盐5克，味精2克，鸡粉3克，料酒3毫升，生粉、食用油、辣椒油、芝麻油各适量

🍴 做法

❶洗净的鸡胸肉切成丁；洗净的黄瓜、蒜头切成丁。

❷鸡丁加盐、味精、料酒、生粉、食用油拌匀，腌渍10分钟。

❸锅中加入清水烧开，倒入花生，煮熟后捞出，沥干水分。

❹热锅注油烧热，倒入花生，炸熟捞出；放入鸡丁，炸熟捞出。

❺用油起锅，爆香蒜丁、姜片，倒入干辣椒炒香，倒入黄瓜炒匀。

❻加入盐、味精、鸡粉炒匀，倒入鸡丁炒匀，加少许辣椒油。

❼再加入芝麻油炒匀，继续翻炒片刻。

❽盛出装盘，倒入炸好的花生即可。

歌乐山辣子鸡

▌烹饪时间：2分钟 ▌营养功效：美容养颜

🌶️ 原料

鸡腿肉300克，干辣椒30克，芹菜12克，彩椒10克，葱段、蒜末、姜末各少许

🍲 调料

盐3克，鸡粉少许，料酒4毫升，辣椒油、食用油各适量

🍴 做法

❶将洗净的鸡腿肉斩小块；洗好的芹菜斜刀切段。

❷洗净的彩椒切开，切菱形片。

❸热锅注油烧热，倒入鸡块，炸至食材断生后捞出。

❹用油起锅，倒入姜末、蒜末、葱段，炒匀、爆香。

❺倒入鸡块，炒匀，淋入料酒，放入干辣椒，炒匀。

❻加入少许盐、鸡粉，炒匀调味。

❼倒入芹菜和彩椒，炒匀，淋入辣椒油，炒匀。

❽关火后盛出炒好的菜肴即可。

葱香三杯鸡

▊ 烹饪时间：30分钟 ▊ 营养功效：增强免疫力

🌶 原料

鸡块250克，葱段4段，蒜片、小红辣椒各适量

🍲 调料

白糖10克，生抽10毫升，盐3克，食用油、米酒各适量

制作指导：

鸡块提前汆煮片刻，这样口感更好。

🍴 做法

❶ 锅中注水烧开，放入鸡块，汆至转色后捞出。

❷ 取电饭锅，放入鸡块、葱段、蒜片、小红辣椒、白糖、米酒，拌匀。

❸ 加入生抽、盐、食用油、清水，拌匀，盖上盖。

❹ 选择"蒸煮"功能，蒸煮至食材完全熟透。

❺ 盛出煮好的鸡，装入碗中即可。

✕ 做法

❶ 取一干净的盘子，放入鸡块。

❷ 碗中倒入姜片、花椒、鸡粉、盐、料酒、葱花，拌匀，制成调料。

❸ 取电饭锅，注入清水，放上蒸笼，将鸡块放进去。

❹ 蒸煮30分钟，蒸至食材熟透。

❺ 取出蒸好的鸡块，再淋上已经拌好的调料即可。

古井醉鸡

■ 烹饪时间：30分钟　　■ 营养功效：增强免疫力

🌶 原料
鸡块200克，葱花10克，姜片10克，花椒4克

🍲 调料
料酒20毫升，鸡粉3克，盐2克

制作指导：

鸡块可事先汆煮片刻，这样可去除血水。

重庆口水鸡

┃ 烹饪时间：9分钟 ┃ 营养功效：益气补血

 原料

熟鸡肉500克，冰块500克，蒜末、姜末、葱花各适量

🍲 **调料**

盐、白糖、白醋、生抽、芝麻油、辣椒油、花椒油各适量

🍴 **做法**

① 取一个大碗，倒入清水，倒入冰块。

② 将熟鸡肉放入冰水中浸泡5分钟。

③ 锅中倒入少许辣椒油、花椒油。

④ 放入姜末、蒜末煸香，加入葱花，拌炒均匀。

⑤ 将炒好的姜末、蒜末、葱花装入碗中。

⑥ 加入适量盐、白糖、白醋、生抽。

⑦ 淋入芝麻油、辣椒油，拌匀成调味料。

⑧ 取出浸泡好的鸡肉，斩成块，装入盘中，浇入调味料即成。

红葱头鸡

 烹饪时间：17分钟 ▌营养功效：开胃消食

原料

鸡腿270克，红葱头60克，生姜30克

调料

盐、鸡粉各少许，食用油适量

做法

❶洗净的红葱头切细末；去皮洗净的生姜切末。

❷取一味碟，倒入红葱末，撒上姜末，盛入热油，拌匀。

❸加入适量鸡粉、盐，拌匀，调成味汁，待用。

❹锅中注水烧开，放入洗净的鸡腿，煮至食材熟透。

❺关火后捞出材料，浸入凉开水中，去除油脂。

❻再取出鸡腿，沥干水分。

❼放凉后切成小块，摆放在盘中。

❽最后均匀地浇上味汁即可。

干煸麻辣鸡丝

▌烹饪时间：2分30秒　▌营养功效：开胃消食

🌶 原料

鸡胸肉300克，干辣椒6克，花椒4克，花生碎、白芝麻、蒜末、葱花各少许

🍲 调料

盐3克，鸡粉3克，生抽4毫升，辣椒油、水淀粉、食用油各适量

制作指导：

鸡丝不宜炒制过久，以免炒得太老，影响菜肴口感。

🍴 做法

❶处理好的鸡胸肉切成丝，装入碗中。

❷加入盐、鸡粉、水淀粉、食用油，拌匀，腌渍至其入味。

❸用油起锅，爆香蒜末、干辣椒、花椒，倒入鸡肉丝，炒匀。

❹加入盐、鸡粉、生抽、辣椒油，撒上葱花、白芝麻、花生碎，炒匀。

❺翻炒片刻，至食材入味，关火后将炒好的菜肴盛出即可。

✖ 做法

❶ 洗净的红椒、青椒均切成丁；洗好的鸭肉斩成小块。

❷ 鸭肉中放入盐、鸡粉、生抽、料酒拌匀，腌渍至其入味。

❸ 用油起锅，倒入鸭肉，加入姜末、蒜末、葱段，炒匀。

❹ 放入干辣椒、豆瓣酱、盐、鸡粉、料酒、鸭血，炒匀。

❺ 加入青椒、红椒，炒匀，关火后将炒好的菜肴盛出即可。

永州血鸭

▌烹饪时间：2分钟　▌营养功效：降低血压

🌶 原料

鸭肉400克，鸭血200毫升，青椒、红椒、干辣椒、姜末、蒜末、葱段各适量

🍲 调料

盐3克，鸡粉3克，豆瓣酱20克，生抽5毫升，料酒10毫升，食用油适量

制作指导：

鸭血倒入锅中后，应该不断翻炒，以免煳锅。

三杯鸭

■ 烹饪时间：25分钟　■ 营养功效：清热解毒

🌶 原料

鸭肉600克，芹菜段、姜片、葱段、香菜段各少许

🍲 调料

料酒、盐、白糖、豉油、鸡精、老抽、食用油各适量

🍴 做法

❶鸭肉洗净装盘，放入部分芹菜段、姜片、葱段、香菜段。

❷再放入盐、白糖，淋入老抽、料酒，抓匀入味。

❸锅中注油烧热，倒入鸭肉，炸至上色，捞出。

❹锅底留油，爆香余下的芹菜段、姜片、葱段、香菜段。

❺加入白糖、清水、鸭肉、料酒、豉油，拌匀，煮片刻。

❻用中火焖煮至材料熟透，加鸡精、老抽调味。

❼挑去香菜段、芹菜段，收浓汁水，盛出鸭肉，舀出汤汁。

❽鸭肉待凉后改切成小块，装入盘中，淋上原汤汁即可。

鸭血虾煲

▮ 烹饪时间：10分钟 ▮ 营养功效：益气补血

🌶️ 原料

鸭血150克，豆腐100克，基围虾150克，
姜片、蒜末、葱花各少许

🍲 调料

盐少许，鸡粉2克，料酒4毫升，生抽3毫
升，水淀粉5毫升，食用油适量

🍴 做法

①洗净的豆腐切块；
洗好的鸭血切成块。

②洗净的基围虾切去
虾须、虾脚，再切开
背部。

③锅中注水烧开，加
入食用油、盐、豆腐
块、鸭血块。

④略煮一会儿，把氽
煮好的豆腐、鸭血捞
出，沥干水分。

⑤热锅注油烧热，放
入基围虾，炸至变
色，捞出。

⑥锅底留油，放入蒜
末、姜片，倒入基围
虾，炒匀。

⑦放入料酒、豆腐、
鸭血、清水、鸡粉、
盐、生抽。

⑧倒入水淀粉炒匀，
将食材盛入砂锅，烧
热，撒上葱花即可。

毛血旺

烹饪时间：9分钟 ┃ 营养功效：开胃消食

🌶 原料

鸭血450克，牛肚500克，鳝鱼100克，黄花菜、水发木耳各70克，莴笋50克，火腿肠、豆芽各45克，红椒末、姜片各30克，干辣椒段20克，葱段、花椒各少许

🍲 调料

高汤、料酒、豆瓣酱、盐、味精、白糖、辣椒油、花椒油、食用油各适量

🍴 做法

❶牛肚洗净切小块；鳝鱼洗净切小段；鸭血洗净切小方块。

❷去皮莴笋切片；火腿肠切片；沸水中倒入鳝鱼、料酒，氽熟捞出。

❸沸水中倒入牛肚，氽煮至熟，捞出；再倒入鸭血，煮熟捞出。

❹炒锅注油烧热，倒入红椒末、姜片、葱段、豆瓣酱，炒匀。

❺注入高汤，焖煮5分钟，加盐、味精、白糖、料酒，炒匀。

❻放入黄花菜、木耳、豆芽、火腿肠、莴笋拌匀，煮熟捞出，装碗。

❼牛肚、鳝鱼、鸭血放入锅中煮熟，装碗；油锅中放入辣椒油。

❽加花椒油、干辣椒段、花椒烧热，倒入碗中，再放入葱段、热油。

做法

❶锅中注水烧热，放入卤料包，撒上姜片、葱结。

❷加入盐、生抽、料酒、老抽，煮至香味浓郁，制成卤汁。

❸将乳鸽放入卤汁中静置10小时，抹上蜂蜜，再静置10分钟。

❹热锅注油烧热，放入腌渍好的卤乳鸽，炸4分钟，捞出。

❺食用时斩成小块，摆放在盘中即可。

红烧卤乳鸽

■烹饪时间：16分钟　■营养功效：益气补血

🌶 原料

净乳鸽400克，卤料包1袋，蜂蜜少许，姜片、葱结各适量

🍲 调料

盐4克，老抽4毫升，料酒6毫升，生抽8毫升，食用油适量

制作指导：

食用时可配上少许椒盐，味道会更佳。

剁椒蒸鱼头

▌烹饪时间：12分钟　▌营养功效：益智健脑

 原料

鱼头1个，蒜末、姜末、葱花各3克

🍲 **调料**

盐3克，白糖各3克，老干妈10克，剁辣椒50克，鸡粉2克

🍴 **做法**

①将切好的鱼头两边分别抹上盐，腌渍10分钟待用。

②取一碗，倒入剁辣椒、老干妈、蒜末、姜末，加入白糖。

③放入鸡粉，搅拌均匀，制成调料。

④将拌好的调料放在腌好的鱼头上面。

⑤取电蒸锅，注入清水烧开，放入鱼头。

⑥盖上盖，将时间调至"10"。

⑦揭盖，取出蒸好的鱼头。

⑧撒上葱花即可。

香辣水煮鱼

▌烹饪时间：5分钟　▌营养功效：清热解毒

 原料

净草鱼850克，绿豆芽100克，干辣椒30克，蛋清10克，花椒、姜片、蒜末、葱段各少许

调料

豆瓣酱15克，盐、鸡粉各少许，料酒3毫升，生粉、食用油各适量

✗ 做法

❶将处理干净的草鱼取鱼骨，切大块，取鱼肉，用斜刀切片。

❷把鱼肉片装入碗中，加入盐、蛋清、生粉，拌匀腌渍。

❸热锅注油烧热，倒入鱼骨，小火炸约2分钟，捞出。

❹用油起锅，爆香姜片、蒜末、葱段，加入豆瓣酱、鱼骨，炒匀。

❺注入开水，加入鸡粉、料酒、绿豆芽，拌匀，煮至断生。

❻捞出绿豆芽和鱼骨，装入汤碗中；锅中留汤汁煮沸，放入鱼肉片。

❼拌匀，煮至断生，关火后盛出，连汤汁一起倒入汤碗中。

❽用油起锅，放入干辣椒、花椒，炸出香辣味，盛入汤碗中即成。

剁椒武昌鱼

▌烹饪时间：10分钟 ▌营养功效：开胃消食

🌶️ **原料**

武昌鱼650克，剁椒60克，姜块、葱段、葱花、蒜末各少许

🍲 **调料**

鸡粉1克，白糖3克，料酒5毫升，食用油15毫升

制作指导：

可依据个人喜好，少放或不放白糖。

 🍴 **做法**

❶ 处理干净的武昌鱼切成段；盘中放入姜块、葱段。

❷ 将鱼头摆在盘子边缘，鱼段摆成孔雀开屏状。

❸ 备一碗，放入剁椒、料酒、白糖、鸡粉、食用油。

❹ 将材料拌匀，淋入武昌鱼身上，放入蒸锅中蒸熟。

❺ 取出蒸好的武昌鱼，撒上蒜末、葱花，浇上热油即可。

✕ 做法

❶黄鱼处理干净，打十字花刀，加入盐、鸡粉、生抽、生粉，抹匀。

❷锅中注油烧热，放入黄鱼，炸至熟透，捞出。

❸锅留底油，爆香蒜末、红椒末，放入番茄汁、白糖拌匀。

❹加入水煮沸，淋入水淀粉，炒匀，调匀制成芡汁。

❺将芡汁淋在鱼身上即成。

醋香黄鱼块

▌烹饪时间：7分钟　▌营养功效：开胃消食

🌶 原料

净黄鱼150克，红椒圈、蒜末、葱段各少许

🍲 调料

番茄酱30克，盐、鸡粉、白糖、生粉、生抽、白醋、水淀粉、食用油各适量

制作指导：

烹饪此菜时，可在勾芡的过程中加少许白醋，能增添香气。

清蒸开屏鲈鱼

▌烹饪时间：7分30秒 ▌营养功效：降低血脂

🌶 原料

鲈鱼500克，姜丝、葱丝、彩椒丝各少许

🍲 调料

盐2克，鸡粉2克，胡椒粉少许，蒸鱼豉油少许，料酒8毫升，食用油适量

🍴 做法

❶将处理好的鲈鱼切去背鳍，切下鱼头。

❷鱼背部切一字刀，切相连的块状。

❸把鲈鱼装入碗中，放入盐、鸡粉、胡椒粉、料酒，抓匀腌渍。

❹把腌渍好的鲈鱼放入盘中，摆放成孔雀开屏的造型。

❺放入烧开的蒸锅中，用大火蒸7分钟。

❻揭开盖，把蒸好的鲈鱼取出。

❼撒上姜丝、葱丝，再放上彩椒丝。

❽浇上热油，最后加入蒸鱼豉油即可。

菊花草鱼

▌烹饪时间：7分钟　▌营养功效：开胃消食

🌶 **原料**

草鱼900克，西红柿100克，葱花少许

🍲 **调料**

盐2克，白糖2克，生粉5克，水淀粉5毫升，料酒4毫升，番茄酱、食用油各适量

🍴 **做法**

❶洗净的西红柿切成丁；处理好的草鱼切开，去骨取肉。

❷把鱼肉切成大段，再与原刀口垂直切一字刀。

❸将鱼肉放入碗中，加入盐、料酒、生粉，拌匀腌渍。

❹用油起锅烧热，放入鱼肉，炸至金黄色，捞出。

❺另起锅注油烧热，放入西红柿、番茄酱，炒至食材出汁。

❻加入适量清水，放入盐、白糖，拌匀。

❼用水淀粉勾芡，制成酱汁。

❽关火后盛出酱汁，浇在炸好的鱼肉上，点缀上葱花即可。

葱油鲫鱼

▌烹饪时间：5分钟　▌营养功效：增强免疫力

🌶 原料

鲫鱼300克，葱条20克，红椒8克，姜片、蒜末各少许

🍲 调料

盐3克，鸡粉2克，生抽10毫升，生粉10克，老抽3毫升，水淀粉、食用油各适量

🍴 做法

❶洗好的葱条取梗，切段，取葱叶，切成葱花；洗净的红椒切丝。

❷处理好的鲫鱼放在盘中，加入生抽、盐、生粉，抹匀腌渍。

❸热锅注油烧热，放入鲫鱼，炸至其呈金黄色，捞出。

❹锅底留油烧热，倒入葱段，炒至变软，盛出葱段。

❺爆香姜片、蒜末，放入清水、生抽、老抽、盐、鸡粉。

❻放入鲫鱼，拌匀，略煮至鱼肉入味，关火后盛出鲫鱼。

❼将锅中余下的汤汁烧热，用水淀粉勾芡，制成味汁。

❽关火后盛出味汁，浇在鱼身上，点缀上红椒丝，撒上葱花即可。

✕ 做法

❶ 多宝鱼洗净两面划上几刀；取一盘，将筷子呈十字架形摆好。

❷ 放入两片姜片，放上多宝鱼，再将两片姜片放在鱼身上。

❸ 取电蒸锅，注入清水烧开，放入多宝鱼，蒸熟，取出。

❹ 倒出多余水分，拿出筷子、姜片，放上姜丝、葱丝、红椒丝。

❺ 用油起锅，将油烧热，淋到多宝鱼上，淋入豉油即可。

豉油清蒸多宝鱼

▌烹饪时间：14分钟　　▌营养功效：益气补血

🥢 原料

多宝鱼1条，姜丝、红椒丝各3克，葱丝、姜片各10克

🍲 调料

豉油10毫升，食用油适量

制作指导：

多宝鱼要提前腌渍，这样可以保持多宝鱼肉质鲜美。

响油鳝丝

烹饪时间：2分钟　　营养功效：美容养颜

🌶 原料

鳝鱼肉300克，红椒丝、姜丝、葱花各少许

🍲 调料

盐3克，白糖2克，蚝油8克，生抽、料酒、陈醋、胡椒粉、鸡粉、生粉、食用油各适量

🍴 做法

❶ 将处理干净的鳝鱼肉切成细丝，装碗。

❷ 放入盐、鸡粉、料酒、生粉，拌匀上浆，腌渍至其入味。

❸ 锅中注水烧开，倒入鳝鱼丝，氽去血渍，捞出。

❹ 热锅注油烧热，倒入鳝鱼丝，滑熟，捞出，沥干油。

❺ 锅留底油烧热，爆香姜丝，倒入鳝鱼丝、料酒，炒匀。

❻ 转小火，放入生抽、蚝油、盐、白糖、陈醋，炒匀。

❼ 关火后盛出菜肴，装在盘中，点缀上葱花和红椒丝。

❽ 撒上少许胡椒粉，再浇上热油收尾即成。

清蒸蒜蓉开背虾

烹饪时间：12分钟 ｜ 营养功效：保肝护肾

 原料

鲜虾150克，青椒丁15克，蒜末15克，红
椒丁5克

 调料

生抽10毫升，食用油适量

做法

❶将洗净的鲜虾对半
切开，去除脏物，再
做成开背虾的形状。

❷取一蒸盘，放入切
好的鲜虾，摆好造
型，待用。

❸用油起锅，撒上少
许蒜末，爆香，倒入
青、红椒丁，炒匀。

❹关火后盛入蒸盘
中，浇在虾上，再倒入
余下的蒜末，摆好盘。

❺备好电蒸锅，烧开
水后放入蒸盘。

❻盖上盖，蒸约8分
钟，至食材熟透。

❼断电后揭盖，取出
蒸盘。

❽趁热淋上适量生抽
即可。

🍴 做法

❶ 取一盘，摆放好鲜虾；取一碗，倒入小红辣椒、蒜末。

❷ 加入葱花、姜末、食用油、蒸鱼豉油，拌匀，制成调料。

❸ 取电饭锅，注入清水，放上蒸笼，放入鲜虾。

❹ 盖上盖，选择"蒸煮"功能，蒸20分钟至食材熟透。

❺ 取出蒸好的鲜虾，再淋上调料即可。

白灼虾

▌烹饪时间：20分钟　▌营养功效：益气补血

🌶 原料

鲜虾300克，小红辣椒4克，蒜末、葱花、姜末各4克

🍲 调料

食用油适量，蒸鱼豉油5毫升

制作指导：

鲜虾不要煮太久，因为煮久了肉会变老，影响口感。

元帅虾

| 烹饪时间：3分30秒 | 营养功效：保肝护肾

🌶 原料

对虾200克，面包糠80克，鸡蛋1个，奶酪20克

🍲 调料

盐2克，料酒5毫升，面粉、花椒油、食用油各适量

🍴 做法

❶将洗净的对虾去头，去虾脚和虾壳，取虾仁，去除虾线。

❷把奶酪切片；将处理好的虾仁装入碗中，加入盐、料酒。

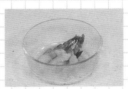

❸淋入适量花椒油，搅拌匀，腌渍片刻至其入味。

❹另取一个碗，倒入面粉，放入蛋黄、蛋清，调匀，制成面糊。

❺取一腌好的虾仁，夹上一片奶酪，滚上面糊，裹上面包糠。

❻依此做完余下的虾仁，制成元帅虾生坯，装入盘中。

❼热锅注油烧热，放入元帅虾生坯，炸至食材熟透，捞出。

❽取一个盘子，放入炸熟的元帅虾，摆好盘即成。

吉利香蕉虾枣

▋烹饪时间：5分钟 ▋营养功效：增强免疫力

🌶 原料

虾胶100克，香蕉1根，鸡蛋1个，面包糠200克

🍲 调料

生粉、食用油各适量

🍴 做法

❶将鸡蛋打开，取出蛋黄，放在碗中，打散、调匀。

❷香蕉切成约2厘米长的段。

❸去除果皮，将果肉蘸上少许生粉，装在盘中，待用。

❹取备好的虾胶，挤成小虾丸，蘸裹上生粉，放在盘中。

❺把香蕉果肉塞入小虾丸中，再逐一滚上蛋黄、面包糠。

❻搓成红枣状，制成虾枣生坯，备用。

❼热锅注油烧热，放入虾枣生坯，用小火炸至生坯熟透。

❽关火后捞出炸好的虾枣，沥干油，在盘中，摆好盘即成。

鲜虾烧鲍鱼

▌ 烹饪时间：67分钟 ▌ 营养功效：保肝护肾

🥢 **原料**

基围虾180克，鲍鱼250克，西蓝花100克，葱段、姜片各少许

🍲 **调料**

海鲜酱25克，盐3克，鸡粉少许，蚝油6克，料酒8毫升，蒸鱼豉油、水淀粉、食用油各适量

🍴 **做法**

❶鲍鱼上取下鲍鱼肉，刮去表面污渍，放入清水中浸泡。

❷锅中注水烧开，放入鲍鱼肉、料酒，汆去腥味，捞出。

❸沸水锅中再倒入洗净的基围虾，汆熟后捞出。

❹另起锅，注水烧开，加入盐、食用油、西蓝花，焯熟捞出。

❺砂锅中注油烧热，爆香姜片、葱段，倒入海鲜酱、鲍鱼肉。

❻注入清水，淋入料酒、蒸鱼豉油，烧开后用小火煮1小时。

❼放入基围虾、蚝油、鸡粉、盐，拌匀，煮至食材熟透。

❽倒入水淀粉炒匀，关火后盛出菜肴，用西蓝花围边即成。

 做法

❶热锅注油，烧至七成热，倒入处理好的濑尿虾。

❷炸至焦黄色，将炸好的虾捞出，装入盘中备用。

❸用油起锅，倒入姜片、花椒、干辣椒，炒匀。

❹放入炸好的濑尿虾，加入葱段、芹菜，翻炒均匀。

❺放入白糖、盐、鸡粉、料酒，炒匀，关火后将菜肴盛出即可。

干煸濑尿虾

| 烹饪时间：4分钟 | 营养功效：降低血压

原料

濑尿虾350克，芹菜10克，花椒10克，干辣椒5克，姜片、葱段各少许

调料

盐、白糖各2克，鸡粉3克，料酒、食用油各适量

制作指导：

如果喜欢吃辣的，可以多放点干辣椒。

做法

❶ 用油起锅，放入姜片、蒜片和葱段，炒匀、爆香。

❷ 倒入处理干净的花蟹，略炒。

❸ 加入料酒、生抽，炒匀，炒香。

❹ 倒入清水，放入盐、白糖，炒匀，大火焖2分钟。

❺ 放入水淀粉，勾芡，关火后把炒好的花蟹盛出装盘即可。

炒花蟹

▎烹饪时间：5分钟　▎营养功效：开胃消食

🌶 原料
花蟹2只，姜片、蒜片、葱段各少许

🍲 调料
盐2克，白糖2克，料酒4毫升，生抽3毫升，水淀粉5毫升，食用油适量

制作指导：
要事先将花蟹清洗干净，其腮部分含有较多的杂质，应当除净，以免影响菜的口味。

菌菇烩海参

烹饪时间：18分钟　　营养功效：保肝护肾

🌶 原料

水发海参85克，鸡腿菇、西蓝花、蟹味菇、水发香菇、彩椒、姜片、葱段、高汤各适量

🍲 调料

盐、鸡粉各2克，白糖、胡椒粉各少许，料酒4毫升、生抽、芝麻油、水淀粉、食用油各适量

🍴 做法

❶ 将洗净的鸡腿菇切粗条；洗好的蟹味菇切去根部。

❷ 洗净的香菇用斜刀切片；洗好的彩椒切粗条。

❸ 洗净的西蓝花切小朵；洗好的海参切成粗条。

❹ 锅中注水烧开，放入西蓝花、盐，煮2分钟，捞出。

❺ 用油起锅，爆香姜片、葱段，倒入鸡腿菇、蟹味菇。

❻ 放入香菇片、料酒、高汤、生抽、盐、鸡粉、白糖，拌匀。

❼ 倒入海参，焖至食材熟透，放入彩椒丝、胡椒粉、芝麻油。

❽ 倒入水淀粉，炒匀，关火后盛出菜肴，用西蓝花围边即可。

蒜香粉丝蒸扇贝

■烹饪时间：13分钟 ■营养功效：益气补血

🌶 原料

净扇贝180克，水发粉丝120克，蒜末10克，葱花5克

🍲 调料

剁椒酱20克，盐3克，料酒8毫升，蒸鱼豉油10毫升，食用油适量

🍴 做法

①洗净的粉丝切段。

②把洗净的扇贝肉放碗中，加入料酒、盐，拌匀腌渍。

③取一蒸盘，放入扇贝壳，摆放整齐。

④在扇贝壳上倒入粉丝和扇贝肉，撒上剁椒酱。

⑤用油起锅，撒上蒜末，爆香。

⑥关火后盛出，浇在扇贝肉上。

⑦备好电蒸锅，烧开水后放入蒸盘，蒸至食材熟透。

⑧断电后揭盖，取出蒸盘，浇上蒸鱼豉油，点缀上葱花即可。

❶取一蒸碗，放入洗净的海蛏，码放好。

淋上白酒，撒上盐，放入姜丝。

❷淋上白酒，撒上盐，放入姜丝。

❸备好电蒸锅，烧开水后放入蒸盘。

❹盖上盖，蒸约8分钟，至食材熟透。

酒香蒸海蛏

▌烹饪时间：11分钟 ▌营养功效：清热解毒

🌶 原料

海蛏260克，姜丝8克，白酒15毫升

🍲 调料

盐3克

制作指导：

海蛏的咸味较重，烹饪前要用温水泡一会儿，能改善口感。

❺断电后揭盖，取出蒸盘，稍微冷却后食用即可。

蚝油酱爆鱿鱼

▌烹饪时间：4分钟　　▌营养功效：增强免疫力

🌶 原料

鱿鱼300克，西蓝花150克，甜椒、圆椒、姜末、蒜末、葱段、干辣椒、西红柿各适量

🍲 调料

盐2克，白糖3克，蚝油5克，水淀粉4毫升，黑胡椒、芝麻油、食用油各适量

🍴 做法

❶在处理干净的鱿鱼上切上网格花刀，切成块。

❷锅中注水烧开，倒入鱿鱼，汆熟捞出，沥干水分。

❸热锅注油烧热，倒入干辣椒、姜末、蒜末、葱段，爆香。

❹再倒入甜椒、圆椒、西蓝花，注入适量清水。

❺搅拌匀，略微煮一会儿，倒入鱿鱼。

❻加入盐、白糖、蚝油，倒入西红柿，翻炒均匀。

❼加入少许水淀粉、黑胡椒、芝麻油，搅匀提味。

❽关火，将菜肴盛出，装入盘中即可。

PART 5
最佳宴客配角：
汤品和主食

一碗宴客汤和热腾腾的主食是宴席中不可缺少的配角。在丰盛的大鱼大肉之后，喝一碗暖人心扉的汤或者品尝一些充满奇思妙想的主食小点，让您带给大家的不只是味蕾的满足，还包含着浓浓的真情。现在就让我们开启新的征程，学做几道拿手宴客汤和主食吧！

✕ 做法

❶ 洗净的丝瓜切厚
片；洗好的豆腐切厚
片，再切成块。

❷ 沸水锅中倒入备好
的姜丝，放入切好的
豆腐块。

❸ 倒入丝瓜，煮片刻
至沸腾，加入盐、鸡
粉、老抽、陈醋。

❹ 将材料拌匀，煮约6
分钟至熟透。

❺ 关火后盛出煮好的
汤，撒上葱花，淋入
芝麻油即可。

丝瓜豆腐汤

▌烹饪时间：8分钟 ▌营养功效：美容养颜

🌶 原料
豆腐250克，去皮丝瓜80克，姜丝、
葱花各少许

🍲 调料
盐、鸡粉各1克，陈醋5毫升，芝麻
油、老抽各少许

制作指导：

豆腐用淡盐水浸泡10分
钟后再煮制，可除去豆
腥味。

金针菇蔬菜汤

烹饪时间：14分钟　|　**营养功效：益气补血**

🥄 原料

金针菇30克，香菇10克，油菜20克，胡萝卜50克，清鸡汤300毫升

🍲 调料

盐2克，鸡粉3克，胡椒粉适量

🍴 做法

❶洗净的油菜切成小瓣。

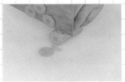

❷洗好去皮的胡萝卜切片。

❸洗净的金针菇切去根部，备用。

❹砂锅中注入清水，倒入清鸡汤，盖上盖，用大火煮至沸。

❺揭盖，倒入金针菇、香菇、胡萝卜，拌匀。

❻盖上盖，续煮10分钟至熟，揭盖，倒入油菜。

❼加入盐、鸡粉、胡椒粉，拌匀。

❽关火后盛出煮好的汤料即可。

瓦罐莲藕汤

▌烹饪时间：41分30秒 ▌营养功效：益气补血

 原料

排骨350克，莲藕200克，姜片20克

调料

料酒8毫升，盐2克，鸡粉2克，胡椒粉适量

做法

❶洗净去皮的莲藕切厚块，再切条，改切成丁。

❷锅中注入适量清水烧开，再倒入洗净的排骨。

❸加入料酒，煮沸，余去血水，捞出，沥干水分。

❹瓦罐中注入清水烧开，放入排骨，盖上盖，煮至沸腾。

❺揭开盖，倒入姜片，烧开后用小火煮至排骨五成熟。

❻倒入莲藕，搅拌匀，用小火续煮20分钟，至排骨熟透。

❼放入鸡粉、盐，加入胡椒粉，拌匀调味，撇去汤中浮沫。

❽关火后盖上盖焖一会儿，将瓦罐从灶上取下即可。

淡菜海带排骨汤

┃烹饪时间：52分钟　┃营养功效：保肝护肾

原料
排骨段260克，水发海带丝150克，淡菜40克，姜片、葱段各少许

调料
盐、鸡粉各2克，胡椒粉少许，料酒7毫升

制作指导：
淡菜宜用温水清洗，这样能减轻其腥味。

 做法

❶ 锅中注水烧开，放入洗净的排骨段。

❷ 淋入料酒，余去血水，捞出排骨段，沥干水分。

❸ 砂锅中注水烧热，倒入排骨段，放入姜片、葱段、淡菜。

❹ 放入海带丝、料酒，烧开后煮至食材熟透，加入盐、鸡粉，拌匀。

❺ 撒上胡椒粉，拌匀，关火后盛出煮好的汤料即成。

✂ 做法

①砂锅中注水烧开，倒入龙骨，加入料酒、姜片，拌匀。

②大火烧片刻，倒入玉米段，拌匀，小火煮1小时。

③加入洗好的板栗，拌匀，小火续煮15分钟至熟。

④倒入洗净的胡萝卜块，拌匀，小火续煮15分钟至食材熟透。

⑤加入盐，拌匀，关火，将煮好的汤盛出，装入碗中即可。

板栗龙骨汤

▌烹饪时间：92分钟　▌营养功效：益气补血

🌶 原料

龙骨400克、板栗100克、玉米段100克、胡萝卜块100克，姜片7克

🍲 调料

料酒10毫升，盐4克

制作指导：

水一定要放足，煮汤中间加水容易延长汤熟的时间，而且汤的味道会变腥。

清炖牛肉汤

烹饪时间：152分钟 | 营养功效：增强免疫力

原料

牛腩块270克，胡萝卜120克，白萝卜160
克，葱条、姜片、八角各少许

调料

料酒8毫升

做法

①去皮洗净的胡萝
卜、白萝卜均切成滚
刀块。

②锅中注水烧开，倒
入洗好的牛腩块，淋
入料酒。

③拌匀，用大火煮约2
分钟，撇去浮沫，捞
出，沥干水分。

④砂锅中注水烧开，
放入葱条、姜片、八
角，拌匀。

⑤倒入牛腩块、料
酒，汆去腥味，烧开
后用小火煲2小时。

⑥倒入胡萝卜、白萝
卜，用小火续煮30分
钟，至食材熟透。

⑦搅拌几下，再拣出
八角、葱条和姜片。

⑧关火后将炖好的汤
料装入碗中即成。

枸杞黑豆炖羊肉

▌烹饪时间：61分钟 ▌营养功效：养颜美容

🌶 **原料**

羊肉400克，水发黑豆100克，枸杞10克，姜片15克

🍲 **调料**

料酒18毫升，盐2克，鸡粉2克

🍴 **做法**

①锅中注入适量清水烧开，倒入羊肉，搅散开。

②淋入料酒，煮沸，汆去血水。

③把汆煮好的羊肉捞出，沥干水分。

④砂锅中注水烧开，倒入洗净的黑豆，放入汆过水的羊肉。

⑤加入姜片、枸杞。

⑥淋入料酒，拌匀，烧开后用小火炖1小时，至食材熟透。

⑦揭开盖子，放入适量盐、鸡粉，用勺拌匀调味。

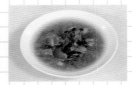

⑧关火后盛出炖好的汤料即可。

❶锅中注水烧开，倒入土鸡块、料酒，汆去血水，捞出。

❷砂锅中注水烧热，倒入人参、田七、红枣、姜片。

❸放入土鸡肉，淋入料酒，拌匀，烧开后用小火炖煮45分钟。

人参田七炖土鸡

▌烹饪时间：48分钟 ▌营养功效：益气补血

原料

土鸡块320克，人参、田七、红枣、姜片、枸杞各少许

调料

盐2克，鸡粉2克，料酒6毫升

制作指导：

土鸡先用油炒一下后再炖煮，能够增加汤汁的香味。

❹放入枸杞，加入盐、鸡粉，拌匀。

❺关火后盛出炖好的菜肴即可。

黑木耳山药煲鸡汤

■ 烹饪时间：120分钟 ┃ 营养功效：增强免疫力

🌶 原料

去皮山药100克，水发木耳90克，鸡肉块250克，红枣30克，姜片少许

🍲 调料

盐、鸡粉各2克

🍴 做法

❶ 洗净的山药切成滚刀块。

❷ 锅中注水烧开，倒入洗净的鸡肉块，汆去血水，捞出。

❸ 取出电火锅，注入清水，倒入汆好的鸡肉块。

❹ 放入山药块，加入泡好的木耳。

❺ 倒入洗净的红枣和姜片，将电火锅旋钮调至"高"档。

❻ 待鸡汤煮开，调至"低"档，续炖至食材有效成分析出。

❼ 加入盐、鸡粉，搅拌调味，加盖，稍煮片刻。

❽ 旋钮调至"关"，断电，揭盖，盛出鸡汤，装碗即可。

冬瓜干贝老鸭汤

▌烹饪时间：190分钟　　▌营养功效：清热解毒

🌶 **原料**

鸭肉块300克，冬瓜块250克，瘦肉块100克，陈皮1片，干贝50克，高汤适量

🍲 **调料**

盐2克

🍴 **做法**

①锅中注入适量清水烧开，放入洗净的鸭肉块，搅拌匀。

②煮2分钟，拌匀，汆去鸭肉的血水。

③从锅中捞出鸭肉后过冷水，盛入盘中。

④另起锅，注入适量高汤烧开，加入鸭肉、冬瓜、瘦肉。

⑤放入干贝、陈皮，拌匀，用大火煮开后中火炖3小时。

⑥揭开锅盖，加入适量盐。

⑦搅拌均匀，至食材入味。

⑧将煮好的汤料盛出即可。

凉薯胡萝卜鲫鱼汤

┃烹饪时间：64分钟 ┃营养功效：益智健脑

🌶 **原料**

鲫鱼600克，去皮凉薯250克，去皮胡萝卜150克，姜片、葱段、罗勒叶各少许

🍲 **调料**

盐2克，料酒5毫升，食用油适量

🍴 **做法**

❶洗净的胡萝卜切滚刀块；洗好的凉薯切开，切滚刀块。

❷在洗净的鲫鱼身上划四道口子；往鱼身上撒入盐，抹匀。

❸淋入料酒，腌渍5分钟至去除腥味。

❹热锅注油，放入腌好的鱼，煎约2分钟至两面微黄。

❺加入姜片、葱段，爆香，注入清水。

❻放入凉薯、胡萝卜，加入盐，拌匀。

❼加盖，用中火焖1小时至入味，揭盖，盛出鲫鱼，装在盘中。

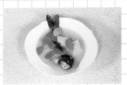

❽盛入汤汁，用罗勒叶点缀即可。

木瓜鲤鱼汤

▌烹饪时间：35分钟　▌营养功效：美容养颜

🥗 原料

鲤鱼800克，木瓜200克，红枣8克，
香菜少许

🍲 调料

盐、鸡粉各1克，食用油适量

制作指导：

往汤中放一些胡椒粉，
熬煮出来的鱼汤味道会
更佳。

 做法

❶洗净的木瓜削皮，
去籽，切成块；洗好
的香菜切大段。

❷热锅注油，放入处
理干净的鲤鱼，煎至
表皮微黄，盛出。

❸砂锅注水，放入煎
好的鲤鱼，倒入木
瓜、红枣，拌匀。

❹用大火煮30分钟至
汤汁变白，放入香
菜、盐、鸡粉。

❺搅拌均匀，关火后
盛出煮好的鲤鱼汤，
装碗即可。

做法

① 将洗净的白菜切段；洗好的干贝碾成碎末，待用。

② 锅中注入适量清水烧热，倒入备好的花蟹块。

③ 撒上干贝末，放入姜片，拌匀，用大火煮约3分钟。

④ 放入白菜，加入盐、鸡粉，拌匀，煮至食材熟透。

⑤ 关火后盛出煮好的汤料，装入碗中，撒上葱花即成。

干贝花蟹白菜汤

▌烹饪时间：4分30秒 ▌营养功效：开胃消食

🌶 原料
花蟹块150克，水发干贝25克，白菜65克，姜片、葱花各少许

🍲 调料
盐、鸡粉各少许

制作指导：

花蟹可先用料酒腌渍一会儿，这样可减轻汤汁的腥味。

红薯莲子银耳汤

▎烹饪时间：47分钟　▎营养功效：养心润肺

🌶 **原料**

红薯130克，水发莲子150克，水发银耳200克，清水适量

🍲 **调料**

白糖适量

🍴 **做法**

❶将洗好的银耳切去根部，撕成小朵。

❷去皮洗净的红薯切片，再切成丁。

❸砂锅中注水烧开，倒入洗净的莲子，放入切好的银耳。

❹盖上盖，烧开后改小火煮约30分钟，至食材变软。

❺揭盖，倒入红薯丁，拌匀。

❻再盖盖，用小火续煮约15分钟，至食材熟透。

❼揭盖，加入少许白糖，拌匀，转中火，煮至溶化。

❽关火后盛出煮好的银耳汤即可。

广式腊味煲仔饭

| 烹饪时间：42分30秒 | 营养功效：开胃消食

🌶 原料

水发大米350克，腊肠75克，姜丝少许，鸡蛋1个，油菜65克

🍲 调料

盐3克，鸡粉2克，食用油适量

🍴 做法

①将洗净的腊肠用斜刀切片；洗好的油菜对半切开。

②锅中注入适量清水烧开，再放入切好的油菜。

③加入盐、食用油，用大火煮1分钟，捞出油菜，沥干水分。

④再用少许盐、鸡粉腌渍一会儿，使其入味，待用。

⑤砂锅烧热，刷上食用油，注入清水，烧热后放入大米，搅散。

⑥烧开后转小火煮约30分钟，至米粒变软，压出一个圆形的窝。

⑦放入腊肠片，打入鸡蛋，撒上姜丝，用小火焖至食材熟透。

⑧关火后揭盖，放入腌好的油菜，取下砂锅即成。

黄金炒饭

▌烹饪时间：5分钟　▌营养功效：降低血糖

 做法

❶ 洗净的洋葱、黄瓜、胡萝卜均切丁。

❷ 取一大碗，倒入冷米饭，放入打散的蛋黄，拌匀。

❸ 用油起锅，倒入胡萝卜、黄瓜，炒熟后装入盘中。

❹ 用油起锅，放入洋葱、米饭，加入盐、鸡粉，炒匀。

❺ 放入黄瓜、胡萝卜，翻炒均匀，关火后将炒好的饭装入盘中即可。

🌶 原料

冷米饭350克，蛋黄10克，黄瓜30克，去皮胡萝卜70克，洋葱80克

🍲 调料

盐2克，鸡粉3克，食用油适量

制作指导：

米饭最好用隔夜的饭，过了一夜的米饭水分流失了一部分，正好适合炒饭。

番茄饭卷

┃烹饪时间：3分30秒 ┃营养功效：清热解毒

🥘 原料

冷米饭400克，番茄200克，鸭蛋40克，玉米粒30克，胡萝卜30克，洋葱25克，葱花少许

🍲 调料

白酒10毫升，盐、鸡粉、食用油各适量

🍴 做法

❶洗净去皮的胡萝卜、洋葱均切粒；洗净去皮的番茄切丁。

❷锅中注水烧开，倒入玉米粒，焯煮片刻至断生，捞出。

❸取一个碗，倒入葱花，打入鸭蛋，加入盐、白酒，搅匀。

❹热锅注油，倒入洋葱、胡萝卜、玉米粒、番茄，炒匀。

❺加入盐、鸡粉、冷米饭，炒匀，将炒好的米饭盛出装入盘中。

❻煎锅注油烧热，倒入鸭蛋液，煎成蛋饼，盛出装入盘中。

❼在蛋饼上铺上炒好的米饭，卷成卷，切成小段。

❽将切好的饭卷装入盘中，装饰一下即可食用。

紫菜包饭

| 烹饪时间：3分钟 | 营养功效：降低血压

🌶 原料

寿司紫菜1张，黄瓜120克，胡萝卜100克，鸡蛋1个，酸萝卜90克，糯米饭300克

🍲 调料

鸡粉2克，盐5克，寿司醋4毫升，食用油适量

🍴 做法

❶洗好去皮的胡萝卜切条；洗好的黄瓜切开，再切成条。

❷鸡蛋打入碗中，放入盐，打散、调匀。

❸锅中注油烧热，倒入蛋液，摊成蛋皮，取出，切成条。

❹沸水锅中放入鸡粉、盐、食用油、胡萝卜、黄瓜，焯熟捞出。

❺将糯米饭倒入碗中，加入寿司醋、盐，拌匀。

❻竹帘上放上寿司紫菜，铺上米饭，压平，放上胡萝卜。

❼放上黄瓜、酸萝卜、蛋皮，卷起竹帘，压成紫菜包饭。

❽将压好的紫菜包饭切成大小一致的段，装入盘中即可。

✖️ 做法

① 洗净的包菜切成丝；处理好的鱿鱼划上十字花刀，切块。

② 虾仁洗净剔去虾线；沸水锅中倒入鱿鱼、虾仁，氽熟捞出。

③ 热锅注油烧热，倒入包菜、鱿鱼、虾仁，再倒入熟圆面。

④ 倒入生抽、蚝油、盐、鸡粉，加入白胡椒粉、葱花，炒匀。

⑤ 淋入芝麻油，炒匀，将炒好的面盛出装入盘中即可。

海鲜炒面

▌烹饪时间：3分钟　　▌营养功效：增强免疫力

🌶️ 原料

虾仁150克，鱿鱼190克，熟圆面100克，包菜100克，葱花少许

🍲 调料

生抽5毫升，蚝油7克，盐、鸡粉各2克，白胡椒粉、芝麻油、食用油各适量

制作指导：

海鲜不宜焯水过久，以免肉质变老。

双色卷

烹饪时间：74分钟 | 营养功效：降压降糖

原料

低筋面粉1000克，酵母10克，白糖100克，熟南瓜200克

调料

食用油适量

做法

❶取500克面粉、5克酵母，混匀，用刮板开窝，加入50克白糖。

❷分次倒入水，揉搓至面团纯滑，放入保鲜袋中，静置10分钟。

❸取余下的面粉和酵母混匀，开窝后加入剩余白糖，倒入熟南瓜。

❹分次加入水，揉搓成南瓜面团，放入保鲜袋中，静置10分钟。

❺白色面团、南瓜面团均擀平；把南瓜面团叠在白色面团上，擀平。

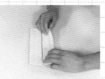

❻面片刷油，对折两次，分成剂子，对折拉长成"S"形，捏成生坯。

❼蒸盘刷上油，放入双色卷生坯，再放入蒸锅中静置约1小时。

❽用大火蒸约10分钟，至双色卷生坯熟透后取出即可。

菊花包

║ 烹饪时间：70分钟 ║ 营养功效：增强免疫力

🌶 **原料**

低筋面粉500克，泡打粉7克，酵母5克，
牛奶、莲蓉、白芝麻各适量

🍲 **调料**

白糖100克

🍴 **做法**

①把低筋面粉倒在案台上，开窝，加入泡打粉，倒入白糖。

②酵母加牛奶搅匀，倒入窝中，混均匀，加入清水，搅匀。

③刮入面粉，混合均匀，揉搓成面团，取适量面团，搓成长条状。

④揪数个大小均等的剂子，压扁，擀成中间厚四周薄的包子皮。

⑤取适量莲蓉放在包子皮上，收口，捏紧，搓成球状。

⑥把球压成圆饼状，沿着边缘切数片花瓣，捏成菊花形生坯。

⑦生坯粘上包底纸，放入蒸笼，撒上白芝麻，发酵至两倍大。

⑧把发酵好的生坯放入蒸锅，大火蒸6分钟，取出即可。

灌汤小笼包

▌烹饪时间：15分钟　　▌营养功效：增强免疫力

🌶 原料

高筋面粉300克，低筋面粉90克，生粉70克，黄奶油50克，鸡蛋1个，肉胶150克，灌汤糕100克，姜末、葱花各少许

🍲 调料

盐2克，鸡粉2克，生抽3毫升，芝麻油2毫升

🍴 做法

①把肉胶倒入碗中，放入姜末、灌汤糕、盐、鸡粉，拌匀。

②放入生抽、葱花、芝麻油，拌匀，制成馅料。

③高筋面粉倒在案台上，加入低筋面粉，用刮板开窝，倒入鸡蛋。

④碗中装清水，放入生粉、开水，搅成糊状，加入清水，冷却。

⑤把生粉团捞出，放入窝中，加入黄奶油混匀，揉成面团。

⑥取适量面团搓成长条状，切数个剂子，压扁，擀成包子皮。

⑦取馅料放在包子皮上，收口捏紧，制成生坯，装入锡纸杯中。

⑧把生坯放入烧开的蒸锅里蒸8分钟，把蒸好的灌汤包取出即可。

银丝煎饼

┃烹饪时间：4分30秒 ┃营养功效：增强免疫力

原料

水发粉丝110克，面粉100克，胡萝卜55克，肉末35克，葱条15克

调料

盐、鸡粉各2克，料酒2毫升，生抽3毫升，芝麻油、食用油各适量

做法

❶将面粉装入碗中，注入温开水，快速搅拌，制成面团。

❷葱条洗净切段；粉丝洗净切长段；洗净去皮的胡萝卜切丝。

❸把粉丝装入碗中，放入葱段、胡萝卜丝、肉末。

❹加入盐、料酒、生抽、鸡粉、芝麻油，拌匀，制成馅料。

❺取面团搓成长条形，切成数个剂子，擀成薄片，即成饼坯。

❻饼坯中盛入馅料，折好，卷成卷，包紧，即成煎饼生坯。

❼用油起锅，依次放入煎饼生坯，小火煎至两面熟透。

❽关火后盛出煎饼，装入盘中，待稍微冷却后即可食用。